徐銘志 文字 ———————— 料理 ———————— 攝影

暖食餐桌，
在我家。

110道
中西日式料理簡單上桌，————————
今天也要好好吃飯！————————

開飯！

Bon appétit！

いただきます！

● **米力**（視覺設計師）

結識 Eric 是在《商業周刊》alive 時期，那時可是忠實讀者，他往往坦言不諱地直指評論熱門餐飲店的餐食水準。對於「好」這件事，已經有了相同的默契。

很榮幸的是成為 Eric 的「暖食餐桌」私廚會員，他是一個伺候賓客做好做滿的挑剔者，不能進廚房打擾他是原則，做為盡職的客人，只要好好享用他準備的一切，並由衷地發出驚嘆聲的本分即可。

他真的做得極好，一個五感全開的生活家，自然可以把旅行中（特別是京都）吃過的好料理，用他的方式詮釋成自己的味道。

做為他的好友，有被照顧的幸福感——在美食上、在知識上、在分享上——謝謝 Eric！

● **朱全斌**（作家、國立臺灣藝術大學傳播學院院長）

身邊會做菜的朋友不少，但人稱 Eric 的徐銘志卻是其中非常特別的一位。他的廚藝跟他的人一樣，如溫煦的和風，細緻而不張揚，周到卻不繁瑣。不要看他每次擺下的陣仗都是十道以上的宴席料理，卻總是有條不紊地用一種輕快的節奏，端出一盤盤令人驚豔的佳餚。當眾人都讚嘆著其中的創意與巧思時，他不像有些善烹的主婦，總是困在廚房裡忙，讓客人不安，而可以坐下來與大家同樂。Eric 能夠如此從容是因為他不但善煮，還有管理的天分，他不只是 Head Chef（主廚），更是懂得精打細算的 Executive Chef（行政主廚）。有幾回他來南村落幫我宴客，我發現他不但能掌握食材的分量，不留廚餘，還能邊做邊收拾，每當炊事結束，庖廚也都清洗乾淨了。

Eric 無師自通，卻表現出接近星級的專業水準，令人佩服！現在更透過清朗的文字，慷慨公開自己十八般廚藝中的私房撇步。讀完書後我發現，他的料理講究卻並不奢華，書中豐富的菜譜是一般人在家常料理中就可達成的，十分實用。Eric 真是一位 Live to Eat 的慧心男子，他對食材永遠保持著一份真心，令人感動，這也是他懂得生活的趣味，把日子過好的關鍵吧。

● 李昂（作家）

看徐銘志做菜真的賞心悅目，他極善於時間的掌控，每次都已經將前置作業做完，客人到的時候，再一道一道完成，優雅而且從容不迫。那個美味、色、香、創意齊全了更不用多說。我以為這跟他設計的菜單有關，才能夠一面做菜還一面跟客人哈啦。

這本書，有助於教我們怎樣做菜，又不會搞得自己灰頭土臉。

● 李清志（建築作家、實踐大學建築設計系副教授、廣播主持人）

Eric是個十分講究生活風格的人，上次大夥兒在我家potluck，各自帶自己的拿手好菜來，Eric不僅帶來細緻的京都菜色、醬料，連碗盤道具也自備，為的只是講求一個完美的京都風格！

他講究生活風格，卻又不是那種冷酷潔癖的現代主義者；事實上，他有一顆溫暖熱誠的心！這種熱誠讓他的食物充滿療癒，也讓吃過他食物的人，從內心感受到他的溫暖。

這樣的料理美食，超越身體的基本需求，也超越料理知識的認知，可說是真正的靈魂食物（Soul Food）。

● 杜祖業（《GQ》國際中文版總編輯）

同為愛吃人，我還停留在會說、愛逛、偶做的層次，銘志則是從食材、料理法到如何盛裝上桌都連成一氣（這幾件事順序可任意調換）。曾經是他家中那張印尼老餐桌受邀食客一員，他一人忙進忙出的，端出來都像走上伸展台的模特兒有模有樣，但又不做作拘謹。談到做法倒也不太難，其實就是有用心、有動機，可能是想讓新盤子亮亮相，可能是在市場看到難得的當季食材。

與其把這本書當成食譜學做菜，我覺得它更像是透過一道道菜的文字，不斷地推一把、推兩把……令人油然興起該上市場買點什麼來做做的興奮感，是的，我是把它當成美食勵志書而非教課書來看的！

● **陳耀訓**（2017MONDIAL DU PAIN 世界麵包大賽冠軍）

還記得今年六月，趁著日本講習會的最後一天空檔，我們一行人跟著Eric到京都一日遊，一路上聽Eric為我們導覽京都的美食及特點時，發現他對料理有著極大的熱忱及創新能力。

前些日子，在一次聊天當中，得知他正在籌畫一本食譜書，我開始期待著，期待能藉由這本書籍更了解他對料理的方式及創新，私心地想學起來後，找尋跟麵包結合的任何可能性。

邊看著書稿邊想著，這真是一本我們生活中不可或缺的食譜書，簡單省時就能做出美味的料理。

● **許悔之**（詩人、有鹿文化社長）

Eric善於使用香料，將日式、台式、歐式等各種風格的菜餚烹調方式，獨具創意地融合在一起，渾然不可分辨，卻又天然而成一色、一味，恰似「禪」之離一切諸相，而「定」於一味之中。

Eric繼《私‧京都100選》——這本在誠品書店暢銷的好書之後，《暖食餐桌，在我家》堪稱Eric人生經驗和氣質的總和！我之所以這樣說，凡吃過Eric烹飪菜餚的朋友都知道，Eric燒菜的時候，氣定神閒，行進有序，每一道菜燒完了，大概之前的餐具也都整理得清清楚楚，像一首乾乾淨淨無比美好的詩。

● **張國立**（作家）

這本書裡，小志恍如在我面前輕巧地將簡單的食材，通過意想不到的手法，最後端上華麗的桌面。我翻開書，舉起筷子，忽然想到捷克小說家赫拉巴爾（Bohumil Hrabal）的一則短篇，故事裡的主角是個到處逗人開心的男孩，他在餐廳裡說捷克人一星期七天喝不同的湯，且有其順序：

週一，波爾迪（工廠名字）湯、煎油餅，還有巧克力餅。

週二，合作社湯、維也納牛肺，加上饅頭片。

週三，牛舌，加點波蘭的調味汁。

週四，埃斯特哈茲公爵碎肉。

週五，家用咖啡配捷克甜麵包。

週六，牛肚湯，肉末馬鈴薯、林茨肉片。

週日，稀粥、巴黎炸豬排、細麵條湯。

一旁正在喝湯的老太太停下湯匙出神的豎直耳朵聽。

我豎直耳朵、不時吸吸鼻子，看著書內的每一道菜。

筷子停了許久。

● 楊馥如（旅義飲食作家）

這本書有股魔力，讀著讀著會不自覺走入廚房，翻箱倒櫃開始動手。手邊不巧沒食材？Eric也帶讀者上市場！跟著他的文字一攤逛過一攤，真是享受。

他的廚房是動人的歌，食材跳耀成音符，四季穿梭為節奏，對生活的熱愛是最有韻的調味。一道道跟著做，幾乎唱了起來……。

● 趙薇

前陣子看了一部電影：在二戰德軍占領期間，英國根西島（Guernsey Island）上的居民為了吃一頓烤豬肉以排除饑餓和壓力，謊報成立讀書會而逃過非法聚會的懲罰，那一晚的幸福與快樂，開始了後面的故事……（劇情從此展開，但這不是今天的重點）。

曾經在徐銘志Eric家吃飯，菜一道一道地上，從中午吃到傍晚，聊天的話題圍繞著他的料理：如何從家附近的黃昏市場買到新鮮蔬蕎自己醃製。從專業廚師朋友

那兒學到三％鹽水處理法，加上自己巧思成就了雞肉香腸卷。最讓我羨慕的是從旅行中扛回來數量極多的日本餐盤，不論搭配和、洋或中式的料理都沒有違和感。

謝謝 Eric 帶給我不僅僅是吃飯的快樂。雖然這一頓飯不像電影劇情那麼悲壯。問題是——吃完飯後的故事怎麼展開？「食物」和「書」都有了，開始動手的話，下次「暖食餐桌」會在你家？或我家？

● 韓良憶（旅遊飲食作家） ─────────────────────

我認識的人當中，徐銘志算是特別會過生活的。他的生活過得並不奢華也不張揚，就是安安靜靜地在不同的季節裡，上街採買當令的食材，回家後用他的一雙巧手，加上清新自然不造作的美感，好好做一頓飯菜，然後好好地吃飯。

這樣的日子聽起來很容易過，偏偏有很多人覺得好難——沒有時間、沒有心思、沒有閒情……聽人這麼埋怨，徐銘志也不多言，就在《暖食餐桌，在我家》中，以圖文默默地宣示，要過上好日子，端出幾道好菜，委實不難。

他在書裡寫的食物，菜色和做法有些來自朋友，有些是旅途偶遇，有些是閱讀得來，還有一些是他自己的創意。它們共同的特色是毫不炫技。我以為徐銘志是自覺或不自覺地懷抱著「選物店」的概念寫了這本書，你看到的、學到的菜色，未必高深莫測，卻都是徐銘志獨特品味的具體呈現，而且讀者只要看著喜歡，應該就做得出來。

我有幸嘗過徐銘志的手藝，在其中，我吃到日常生活的美好況味，也嘗到季節在餐桌上幻化的色彩。我也曾從他那兒偷偷學了幾道家常好菜，這會兒《暖食餐桌，在我家》出版了，我從此不必「偷偷摸摸」，因為那些溫暖的美味盡在書中，等著我擷取。

快快做，慢慢吃

正當寫這篇稿子時，白天的陽光依舊炙熱，彷彿會咬人似的。一邊想著這種走個兩三步就汗如雨滴、進廚房像打仗的日子還有多久，卻也忽然驚覺秋日已至。無論是晨間或黃昏前往市場的途中，微風輕撫，令人輕盈起來，還是菜販水果攤商的陳列，橘黃的軟柿硬柿、翠綠的文旦等，都默默宣告著秋涼時節。

四季更迭，時光輪轉，有時候很容易在一陣兵荒馬亂之中，追趕時間，卻忘了時間。明明才剛過完年，怎麼中秋已在眼前？其實，我們忘的並不是時間，而是好好過日子與生活的當下。

我總靠著輪番上陣的物產和餐桌上的食物，記得時光與生活交織成的當下。春天的蕗蕎珠蔥梅子、夏天的綠竹筍櫛瓜、秋天的蟹、冬天的白玉蘿蔔小番茄……，好多好多的食材都是平凡日子裡的小綠洲，它們用一點也不做作的鮮美滋味滋養著我。雖然並非每個當下都盡善盡美，像是二〇一八年當我期待著再次醋漬一批蕗蕎時，才出國一週，回來詢問熟稔的菜販：「怎麼沒有蕗蕎了？」這才知道，因為缺水問題導致產量不佳，蕗蕎短短現身就揮手道別了。但想想，這豈不正是有起有伏的人生嗎？

家裡長達兩百多公分的印尼老餐桌上也就總是熱鬧，陪我記錄著生活中一幕幕的「好食光」。一路一起經歷這旅程的，還有我周遭的朋友，時不時大家簇著餐桌，聊著近況，吃著一道道的食物。音樂聲迴盪在空氣之中，此起彼落的歡笑和交談聲則是主旋律，沒有人低頭滑著手機，當然也就沒有大家盯著手機看的尷尬無聲

時光。時間,在那是多麼的悠長美好。經常我們從中午吃到天色昏黃,才發現晚餐時刻已到,或從傍晚到幽靜的深夜。一頓三、四個小時的用餐,沒有倦怠感,反而充滿歡樂。

即便一個人,即便再忙,我也盡量讓自己在餐桌上好好吃頓飯。食物能為身體帶來能量,好吃的食物則還有撫慰心靈之附加效果。疲憊時,不正該用好食物替自己加加油?

或許你會說,這太理想化了。根本沒有時間,根本不會做菜,怎麼可能做得到呢?一旦你親嘗過書中的料理之後,就會明白個中的魅力:簡單與純淨。一直期盼大家也能親手做起不費吹灰之力,但又好吃的食物,也因此這次食譜書中,多半是烹調手法簡單,或利用工具達到省時省力的料理,即便沒有太多廚房經驗的人也能上手,快快地做。舉例來說,我宴客的招牌菜之一「味噌豆腐泥拌毛豆」,就是把汆燙過冰水的毛豆和豆腐泥、味噌拌在一起,上桌前淋點橄欖油,如此簡單。又如,冬日經常端上的蒸時蔬,大火快蒸,短短五分鐘就能上菜。吃過的人不但訝異其美味,還都懷疑我是否偷藏了什麼祕訣?實情是,挑選當季的食材、掌握蒸的時間而已。

日子是一天一天地過,過一天少一天。不過,正因為每個把握住的餐桌日常,我們沒有太多遺憾,也無須畏懼愈來愈少的時間。謝謝有鹿文化社長許悔之、茶人謝小曼及一起吃飯的朋友,沒有你們,不會有這些餐桌上的食物與美好時光。也衷心期盼,大家在讀了這本食譜後,可以快快做,慢慢吃,在餐桌上擁有源源不絕的珍視時光。Bon appétit!

Contents

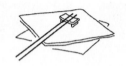

Chapter 1　醃漬油封一大罐

Chapter 2 懂得撇步大不同

Chapter 3 絞肉的一百零一變

Chapter 4 　無論如何、澱粉萬歲

Chapter 5 　好吃的應用練習題

Chapter 6　入口瞬間療癒滿點

鹽之花漬物

比起鹹度銳利的食鹽，我更喜歡風味層次多元的海鹽，連醃漬食物也用它，
讓食物的氣息彷彿是海邊吹來的一陣風。

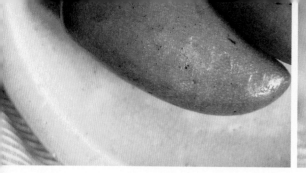

不知道為什麼，我家附近的黃昏市場遠比早市來得蓬勃有朝氣，特別在蔬果的種類上更是豐富。每每趕在七點攤販收攤前至黃昏市場，道路的兩旁是一個挨著一個席地而坐的小農，地上就擺著他們零星收割的成果。四季更迭不同品種的竹筍、南瓜、桑椹、火龍果、芭蕉⋯⋯。「來買菜喔！」此起彼落，不絕於耳。而我熟識的菜販自己就有一片小土地，種了些蔬菜來賣，也屢屢拿出市面上罕見的蔬菜和食材，像是來自拉拉山的新鮮段木香菇、廣東人拿來煲湯的西洋菜（又稱水田芥）、野生的文蛤、檳榔花等，讓逛菜市場瞬間多了許多探索的樂趣。

「這是珠蔥吧？」初春時節看到了稀有的菜，心裡邊盤算著它和豆干絲、蛋炒在一起帶勁的滋味，邊和菜販謝小姐聊了起來。「這是蕗蕎！」謝小姐立刻糾正了我。就在熙來攘往的菜市場，珠蔥、蕗蕎傻傻分不清楚的我，已經

開始一場學校沒教的蔬菜課。「你看，蕗蕎的葉子是三角柱狀，而珠蔥的葉子是圓柱狀⋯⋯」通常，我對於罕見的蔬菜完全沒有招架之力，珠蔥和蕗蕎雙雙都被我帶回家。

蕗蕎該怎麼料理？想到了日式咖哩飯旁總是會附上解膩、酸酸甜甜的漬菜不就是蕗蕎？怦然心動。當下，立刻傳了求救訊息給不但是麵包高手，也是超級家庭主婦的莉莉姊。沒過多久，漬蕗蕎的食譜就到手了。她特別告訴我，這食譜來自在日本經營人氣麵包店「德多朗」有二十年之久的德永久美子。一瞧，這工序比起網路上的還繁瑣複雜不少呢，前前後後得花上近兩週方能完成漬蕗蕎。

說到了醃漬蔬菜，少不了的便是鹽巴。德永久美子的漬蕗蕎，第一步就是得把蕗蕎放進鹽、醋、水當中浸漬一週。除了調味之外，鹽巴也有除臭、去澀

味的效果，更能透過滲透壓讓食材釋出水分增加鹽分，以減少微生物和細菌的生長與活動，這也是為什麼自古以來利用鹽醃食材是很基本的保存食物方式。

小時候，我對於鹽巴的印象就是食鹽，然而隨著飲食與旅行的經驗愈來愈多後，鹽巴大千世界的大門也被打開，足以讓人眼花撩亂。世界各地的海鹽、岩鹽、再製鹽……，只要走一趟微風超市就能體會不知從何下手的煩惱。

比起鹹度銳利的食鹽，近幾年我更喜歡的則是風味與層次更多元的海鹽，特別是來自法國的鹽之花。由於產量少，鹽之花向來與頂級海鹽劃上等號，價格自然也非多麼親民。不過，自從在家樂福找到一款由名廚侯布雄（Joël Robuchon）代言品牌禾法頌（Reflets de France）的鹽之花後，百來元的實惠售價、實用程度（也不會過於潮溼難以保

存），加上經常性的缺貨，總是讓我一拿就是好幾罐來囤貨。

這罐海鹽的食品標籤寫著：「適合在烤好的牛排或羊排上，或水煮的時蔬上撒一點鹽之花，即可品嘗到鹽之花所勾引出食材的鮮美與滋味。」是的，這樣享受食物的方式經常出現在我的餐桌上。但或許是太愛這款鹽的滋味，我連醃漬食物也都拿來使用，期待醃漬好食物的氣息有如海邊吹來的一陣風。

漬蕗蕎完成一半了，第二階段加入各式香草、綜合胡椒粒，還有蜂蜜——真是高招！蜂蜜讓蕗蕎少了嗆辣感，多了份溫柔香氣與甜蜜。趁著當季，我又上菜市場買了一堆蕗蕎，打算多做些，在明年產季來臨前還有漬蕗蕎可以食用。沒過多久，芒果青也上市了，繼續把鹽之花拿出來，製作爽口消暑的情人果。只可惜，不過到了秋天而已，漬蕗蕎已經一個也不剩。

香草漬蕗蕎

從沒想過，只出現在咖哩飯旁的漬蕗蕎，有一天也會成為冰箱裡珍貴的漬物。經過比一般漬物更漫長過程的香草漬蕗蕎，風味爽朗甜蜜，原始的嗆辣感早已被修飾得無影無蹤。

分量 | 2大罐

食材

蕗蕎 ⋯⋯⋯⋯ 1公斤

第一階段醃汁

A | 海鹽 ⋯⋯⋯⋯ 100克
  | 水 ⋯⋯⋯⋯⋯ 1杯
  | 辣椒 ⋯⋯⋯⋯ 4根

第二階段醃汁

B | 香草 ⋯⋯⋯⋯⋯ 少許
  | 綜合胡椒粒 ⋯⋯ 4大匙
  | 辣椒 ⋯⋯⋯⋯⋯ 4根
  | 白醋 ⋯⋯⋯⋯⋯ 2杯
  | 水 ⋯⋯⋯⋯⋯⋯ 2杯
  | 砂糖 ⋯⋯⋯⋯⋯ 4大匙
  | 蜂蜜 ⋯⋯⋯⋯⋯ 1杯

做法

❶ 蕗蕎洗乾淨置於料理盤上，放上A，在冰箱醃漬10天。

❷ 以開水浸泡步驟❶，6小時至1天。

❸ 瀝掉水分，擦乾步驟❷備用。

❹ 把B中白醋、水、砂糖煮滾，放涼後加入蜂蜜。

❺ 在玻璃瓶內放入蕗蕎。再放入香草、綜合胡椒粒、辣椒，及步驟❹。置於冰箱冷藏保存，1週後可食用。

情人果

保存在冷凍庫的酸酸甜甜情人果是夏日消暑盛品，飯後來一盤，相當解膩。寧可多做一點，也不要想吃之時方恨少。

分量	1大盒

食材

土芒果 ———— 4大顆

話梅 ———— 6顆

調味料

海鹽 ———— 1杯

砂糖 ———— 1杯

做法

① 芒果青洗淨去皮，切成片狀。

② 以海鹽略抓，靜置30至40分鐘。

③ 以開水沖洗步驟 ②，洗去鹽分和澀味後，瀝乾。

④ 以砂糖略抓，加入話梅後，放入玻璃罐內冷藏保存3天後，移至冷凍室。

鹽漬檸檬

鹽漬黃檸檬起源於摩洛哥，是這幾年日本很流行的調味盛品，甚至還有專門以鹽漬檸檬為主題的食譜書。其取代鹽做為調味，不僅是鹹味而已，酸與清新的香氣能替菜餚增色不少。

| 分量 | 2小罐 |

食材

黃檸檬 6顆
（約600克）

調味料

海鹽 180克

| 做法 |

❶ 將檸檬洗淨，切成塊狀。

❷ 先在每塊檸檬表面均勻抹上海鹽，接著在玻璃保存罐裡，一層檸檬一層海鹽的堆疊。

❸ 置於冰箱保存，可長達1年以上。

鹽漬檸檬
白酒燉雞

除了香料、橄欖與鹽漬檸檬,還有白酒賦予這鍋雞肉無與倫比的滋味與香氣。鍋內的湯汁你絕對會捨不得不碰,拿來沾麵包也是很棒的選擇。

分量	4人

食材

去骨雞腿	2支
洋蔥	1/2顆
帶籽橄欖	10顆
白酒	2杯
水	3杯
鹽漬檸檬	2塊
香菜	少許

調味料

摩洛哥綜合香料	1大匙
特級初榨橄欖油	少許

做法

❶ 去骨雞腿肉切小塊,洋蔥切塊狀。

❷ 起油鍋,炒香洋蔥後,加入摩洛哥綜合香料,連同雞腿塊一起爆炒至表皮金黃。

❸ 燉鍋內加入帶籽橄欖、白酒、水和鹽漬檸檬,蓋上鍋蓋燉煮約20至30分鐘。

❹ 起鍋前以香菜裝飾。

靠這漬物配方走天下

白醋、水、月桂葉、紅辣椒、大蒜、綜合胡椒粒、鹽和糖，
酸酸甜甜的醃汁與各式食材的風味結合，爽口又開胃。

一年四季，我的臉書上就像一場醃漬物的大隊接力賽，總不斷地有人在醃漬東西。今天看到A醃了紫蘇梅，明天B就釀了梅酒，春天的梅子、夏天的水蜜桃、秋天的柿子、冬天的蘿蔔……，好似只要是當季盛產的物產都能拿來好好醃它一番。

最盛大的一波，莫過於梅子釀的梅酒了。朋友們只要到了初春就蠢蠢欲動，等到梅子產季一出爐，凡是家裡大大小小的玻璃甕也跟著登場。

梅酒的做法說簡單也簡單，說複雜也複雜。簡單的是，只要把梅子拔去蒂頭洗淨表皮，風乾一夜，就可以和酒與部分分量的糖入甕，三個月後再將剩餘的糖加入。等上至少半年，就能有自釀的梅酒可飲。若想有更佳的風味，一年的等待是必須的。

至於為什麼複雜呢？有的加威士忌，有的加萊姆酒，甚至清酒、燒酎、琴酒也都是選項。而糖的比例、加的是冰糖還是黑糖也各有巧妙。不少朋友實驗地釀製不同基酒的梅酒，為的就是品飲風味的差異。

除了酒漬之外，日常當中還有鹽漬、米糠漬、醋漬、味噌漬、糖漬等，這些都是古早年代就常用的食物保存方法。通常，在製作醃漬物時多半會加鹽，讓食材脫水變軟，保留基本風味，然後再吸收漬床或醃汁的風味。

比起單純只以鹽漬，我更常利用的方法是醋漬。酸酸甜甜的醃汁與各式食材的風味結合，成了爽口開胃的一道漬物。醃汁的做法極其簡單，只需把白醋、水、月桂葉、紅辣椒、大蒜、綜合胡椒粒、鹽和糖等，在鍋內煮滾後放涼，就是充滿酸、甜和香料風味的醃汁。有時候，想要酸一點，白醋的比例便高一些。通常我還滿能接受酸在味蕾上滿口生津的刺激。

我可是靠著這個漬物配方走遍天下。冬日最常醃漬的是小番茄，為了讓番茄可以更入味，以牙籤逐一在上頭刺上好幾個洞，便可以擺入以熱水消毒過的玻璃密封瓶了，倒入醃汁，再置入冰箱保存個三五天就能食用。保存得宜，擺上一個月也不成問題。番茄會隨著時間而愈顯軟爛，酸度和風味則愈來愈強烈。

這拿來當開胃菜還真是適合，特別是
與法國長棍麵包搭在一起時，長棍的
乾香，醋漬番茄的溼潤、酸甜，兩者
相互襯托搭配，堪稱絕佳好朋友。

某次宴客時，為了視覺美感，我除了
在小碟內擺上番茄，更將玻璃瓶內的
月桂葉、胡椒和一根辣椒也擺了上來。
沒想到好奇心驅使下，某位賓客將辣
椒也夾起來食用，且讚譽有佳。於是，
我更相信這黃金比例的醋漬配方，能
夠用來醃各式各樣食材，如秋葵、小
黃瓜、高麗菜、白花椰等。我醋漬過
的香菇、辣椒和蘋果，還不算太特別，
曾經，水煮蛋也被我浸泡在醋的醃汁
裡，多了酸甜味的水煮蛋讓味蕾有全
新的清爽體驗。

醋漬也隨著使用不同的醋而有風味上
的差異，常用的糯米白醋、蘋果醋、
白酒醋，雖然都以酸味為主調，不過
仍有些微的差異。白醋的甜味較高，
蘋果醋會帶著些許的蘋果香，而白酒
醋較為溫和，酸度較低，香氣迷人。
不光是拿來當開胃或下酒菜，有時若
有較為油膩的燉煮菜時，一旁不妨也
擺著醋漬時蔬，絕對有解膩之效果。

醋漬番茄

很期待冬天有吃不完的小番茄，各式不同品種的小番茄，單吃美味，經過糖、醋、香料等醃漬之後，番茄也從水果成了餐桌上的開胃菜。

分量 6-8人

食材

小番茄 ———— 300克

醃汁

米醋 ———— 300cc
冷水 ———— 500cc
糖 ———— 2大匙
月桂葉 ———— 2片
大蒜 ———— 1瓣
鹽 ———— 1.5大匙
綜合胡椒粒 ———— 1大匙

做法

❶ 小番茄洗淨擦乾後，以牙籤在表面戳幾個洞，備用。

❷ 將〔醃汁〕在鍋中煮滾，放涼。

❸ 加熱消毒過的玻璃密封罐內，放入步驟❶及步驟❷，置於冰箱冷藏 3 至 4 天可食用。

蘋果醋漬
白花椰與蘋果

比起米醋,拿蘋果醋來做醋漬配方更為甘甜。無論是白花椰菜還是蘋果,經過醋漬的過程,都成了生津的開胃菜。搭配油膩的菜色,格外能解膩。

分量 ⎮ 4人

食材

白花椰菜	1/2 顆
蘋果	1 顆

醃汁

蘋果醋	200cc
冷水	400cc
糖	2 大匙
月桂葉	2 片
大蒜	1 瓣
鹽	1.5 大匙
綜合胡椒粒	1 大匙

做法

❶ 白花椰菜洗淨,切成小朵,備用。

❷ 將〔醃汁〕在鍋中煮滾,熄火,步驟❶加入鍋中,利用餘溫去生。

❸ 待〔醃汁〕冷卻後,在加熱消毒過的玻璃密封罐內,加入步驟❷及削皮切片的蘋果。置於冰箱冷藏3至4天可食用。

醋漬水煮蛋

把水煮蛋拿來醋漬是很新奇的做法，不過，從僅有蛋香到多了裹著淡淡酸甜的味道，水煮蛋也忽然變得很有趣。

| 分量 | 6人 |

食材

水煮蛋⋯⋯⋯⋯6顆

醃汁

米醋⋯⋯⋯⋯300cc
冷水⋯⋯⋯⋯500cc
糖⋯⋯⋯⋯2大匙
月桂葉⋯⋯⋯⋯2片
大蒜⋯⋯⋯⋯1瓣
鹽⋯⋯⋯⋯1.5大匙
綜合胡椒粒⋯⋯1大匙

做法

❶ 水煮蛋去殼，放涼備用。
❷ 將〔醃汁〕在鍋中煮滾，放涼。
❸ 在加熱消毒過的玻璃密封罐內，放入步驟❶及步驟❷，置於冰箱冷藏3至4天可食用。

Chapter1-3

醃蛋黃

直到我見到蛋黃味噌漬的廬山真面目後才曉得，
這根本是蛋黃界的林志玲。

好似生活當中隨手一抓，抓到什麼，就可以拿來醃。我邊看著日文翻譯書《令人大開眼界的世界漬物史》，內心邊注記著。各式罕見的山菜、蔬菜拿來醃漬已不稀奇，鹽醃蟲竟有令人稱讚美味；連看都沒看過的鮭魚腎，也有人拿來醃，作者更以人間美味來形容。

翻閱這本書時，正值在松山文創園區舉辦的原創基地節籌備期，設計師米力那陣子為了田野調查及蒐集保存食物的方法，全台跑了好幾圈。展覽開幕，果然驚人，不但有專業職人的私房醃漬品，如義大利餐廳主廚王嘉平的鹽漬鰻魚、橘子酒，法朋烘焙甜點坊主廚李依錫的糖漬栗子南瓜、糖漬柳橙等，也有四川手法的醃泡菜、醃辣椒。大大小小、瓶瓶罐罐擺滿了整個現場，目不暇給。

當時，我也受邀在小木箱裡擺放一些日常的醃漬品，每到冬季必做的存糧——醋漬番茄（食譜見第31頁）想當然耳地列入展出名單，顏色美麗的糖漬檸檬也想讓它登場。其餘的不如來點新奇與創意？於是，醉棗、酒漬堅果、醋漬水煮蛋（食譜見第34頁）等也成了當時展出的內容。最後，我將《令人大開眼界的世界漬物史》一書也擺了進去。我並不知道有多少人因而注意到這本橘紅色書封的書，但向來很有研究精神的日本人，有系統與邏輯地介紹日本、亞洲及全球各地的漬物歷史與特色，實在值得參考。

礙於兩週的展期，現場並無冷藏冰箱，有項我興致勃勃的漬物算是遺珠之憾吧。這是《令人大開眼界的世界漬物史》作者小泉武夫在「吾家漬物舞台」篇章中介紹的「蛋黃味噌漬」，被他稱之「吾家的珍味」。

過去，我們的飲食經驗當中有相似的鹹蛋黃，不過除了早餐會出現的鹹鴨蛋，甚少人直接拿來食用，也幾乎不會有人用珍饈來形容。這讓我更好奇蛋黃味噌漬究竟是什麼味道？

還沒正式製作蛋黃味噌漬之前，由於書中並未有任何照片，對於這項食物僅能透過想像。小泉武夫說：「做法非常簡單，大家都會，而且只要醃漬十天就大功告成。」其實做法也沒到非常簡單，應該說，光是要讓蛋白蛋黃分離，且在醃漬過程保持蛋黃完整不破，就有一定的難度。

簡單地說，蛋黃味噌漬的做法，就是把蛋黃包覆在拌了鹽水（書中建議鹽水的濃度為十％）的味噌當中，讓蛋黃吸附味噌的滋味。必須在容器當中，鋪上拌了鹽水的味噌，並在上頭挖好一個個的洞，好讓蛋黃可以順利擺進裡頭。最後，最具挑戰的，還得把蛋黃利用剩餘味噌蓋起來，置於冰箱。

後來，又在日本美食雜誌看到蛋黃味噌漬，做法大同小異。略為不同的是，沒有加鹽水，僅在味噌當中添入少許的日本酒，且醃漬的天數僅三天。最後還有一個烤箱烤的步驟。

直到我見到蛋黃味噌漬的廬山真面目後才曉得，這根本是蛋黃界的林志玲。醃漬過的蛋黃已經有點凝固，帶著透明的橙黃、焦糖色，特別在切了薄片之後更加明顯。乍看之下，反而與烏魚子有幾分相似。蛋黃在薄膜的保護下，因為滲透壓的關係，水分減少，同時吸收了味噌豐富的味道。嘗起來，不但沒有蛋腥味，還有一股迷人的發酵鹹香。如果你也跟我一樣，還混了兩種不同味噌來醃漬蛋黃，那麼也會對這種簡單食材變出的驚喜，嘖嘖稱奇。

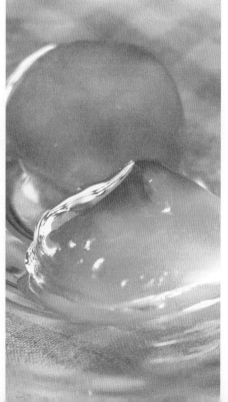

蛋黃味噌漬

鹹蛋黃的概念，不過，因為使用發酵食品味噌做為漬床，且還是兩種不同的味噌，在味道的層次上更為豐富。琥珀色的蛋黃味噌漬不但美麗也很美味，也難怪日本人會以珍饈來形容這項食物。

分量	6人

食材

生蛋黃 ————— 6顆

水 ————— 100cc

調味料

白味噌 ————— 350克

赤味噌 ————— 350克

鹽 ————— 10克

做法

❶ 將鹽與水混合均勻，製做成10％的鹽水。再與白味噌、赤味噌混合。

❷ 在調理盤上鋪上2/3的步驟❶，並挖出6個洞。

❸ 將與蛋白分開的生蛋黃小心地放入步驟❷洞內。

❹ 把步驟❶剩餘的1/3覆蓋在步驟❸上。

❺ 放入冰箱冷藏4天。

❻ 取出步驟❺的蛋黃，放在烤盤上，送進烤箱，以80度烤20分鐘。

蛋黃味增漬
佐麵包

會讓人誤以為是烏魚子的開胃菜。蛋黃味噌漬的琥珀色一點也不輸烏魚子，非常容易引起話題。味道上，不但沒有蛋腥味，還充斥著味噌鹹甘香的悠長。

分量　6人

食材

蛋黃味噌漬————3顆
酸麵包或歐式麵包——6片
奶油起司
(Cream Cheese)——適量
芝麻葉或紫蘇————少許

做法

❶ 將蛋黃味噌漬切成薄片。

❷ 歐式麵包烤得表面酥脆，抹上奶油起司，擺上步驟❶數片。

❸ 將芝麻葉或紫蘇點綴於步驟❷上頭。

蛋黃味噌漬義大利麵（第42頁）

蛋白歐姆蛋（第43頁）

蛋黃味噌漬
義大利麵

東方與西方食材的結合，這道配料少的義大利麵滋味可一點也沒有打折扣，蛋黃的鹹香，櫛瓜的爽脆，還有義大利麵的小麥香，讓人感受到簡單與純粹的魅力。

分量	2人

食材

蛋黃味噌漬	4顆
櫛瓜	1/2條
大蒜	2瓣
螺旋義大利麵	160克
乾辣椒	2根
水	1000cc

調味料

鹽	10克
特級初榨橄欖油	3大匙

做法

❶ 1000cc 水加 10 克鹽，煮滾，放入螺旋義大利麵，煮 10 分鐘。

❷ 將蛋黃味噌漬刨成細絲。

❸ 起油鍋，炒香蒜片與乾辣椒，放入切片櫛瓜一同炒。

❹ 步驟 ❸ 加入煮好並濾乾的螺旋義大利麵一起翻炒。

❺ 起鍋盛盤後，撒上蛋黃味噌漬細絲。

Tips：各家義大利麵煮之時間不同，請依包裝上建議時間水煮。

蛋白歐姆蛋

這道菜沒有蛋黃味噌漬！卻是因為蛋黃味噌漬而來的。因製作過程會剩餘很多蛋白，秉著不浪費的精神，通通做成蛋白歐姆蛋吧。有別於全蛋製作的歐姆蛋，蛋白歐姆蛋更為清爽。

| 分量 | 2人 |

食材

蛋白	10大顆
櫛瓜	1/5條
洋蔥	1/4顆
番茄	少許
帕達諾起司粉 （Grana Padano）	1/2杯

調味料

海鹽	1大匙
黑胡椒	少許
巴西里	少許
特級初榨橄欖油	適量

做法

❶ 起油鍋，將切細丁的洋蔥炒香後，加入切成丁的櫛瓜、蘑菇、番茄一起拌炒，取出。

❷ 蛋白與步驟❶、海鹽、黑胡椒、帕達諾起司粉打勻。

❸ 步驟❷入鍋內煎熟。盛盤後，撒上切碎的巴西里。

油裡的蘋果與番茄香

將食材浸泡在油脂當中，再送入烤箱低溫烹調、熟成，
不但保水，也能吸收加入油脂裡香料的風味。

橄欖油是我廚房必備、常備、指名使用度最高的油品。還沒真正認識橄欖油前，面對超市架上滿滿的橄欖油品牌完全不知從何下手，頂多就尋著標示區分出西班牙、義大利產的橄欖油，及特級初榨橄欖油、初榨橄欖油、精煉橄欖油等分級。但是這樣的提示，似乎不足以讓人從中挑一瓶適合自己的優質橄欖油。還好，目前定居義大利的好友 Giovanna 就是義大利國家認證的品油師，一年回台四次的她定期舉辦新橄欖油品嘗會，同時也帶給聽者滿滿的橄欖油實用知識。

品油課開始前，Giovanna 便要我們把嗅覺打開、記住香氣，湊進分別擺了蘋果、番茄等葡萄酒杯聞一聞。

橄欖油簡單來說，就是從橄欖果實榨取油脂。但為什麼又有這麼多的分類等級？

光是一個初榨橄欖油就又分成特級初榨、初榨和不可食用的燈油。原來這和取油的過程有關，而要分辨就得知道橄欖油酸度。特級初榨橄欖油的油酸度必須小於〇‧八％，初榨橄欖油油酸度必須小於二％，而不可食用的燈油

油酸度會大於二％。油酸度愈低，意味著橄欖油愈不容易氧化，人體也愈容易吸收。

所以，買橄欖油時看油酸度就對了？愈低愈好？這麼說並不完全正確。原因在於，燈油雖不可直接食用，但若精煉後拿來與初榨橄欖油調合便可以上市。由於經過調合，這種市面上為數不少、稱為純橄欖油（Pure）的商品，油酸度通常會低於一％。然而添加了精煉橄欖油，即便酸度再低，通常在意風味和健康的人是不會拿純橄欖油來食用的。所以，油酸度愈低愈好的標準僅適用於特級初榨橄欖油和初榨橄欖油。

真正進入到品油的階段，就能理解除了健康因素之外，為什麼特級初榨橄欖油會這麼受到喜愛了，課前記憶的香氣一一被喚醒，有的橄欖油有草香，有的則是番茄、蘋果、甜瓜的香氣。即便不少人深怕這樣的香氣在加熱過程中消失，多半單飲特級初榨橄欖油或淋在沙拉上，不過，我可沒管那麼多，煎煮炒炸大多時候都毫不手軟地盡情使用。炸？沒錯，事實上橄欖油的發煙點普遍高於一九〇度，遠高於炸物的一六〇至一八〇度油溫。

而比起油炸，我更常、也更喜歡油封的烹調方式。生平第一次與油封相遇，便是法菜裡的油封鴨（Confit de canard），軟嫩的肉質與焦香的氣息，滿足了口腹之慾。Confit 在法文是保存的意思，是指把食物浸漬於液體當中長時間保存。油封、糖漬等都可以算是 Confit。和油炸最大不同，油封是將食材浸泡在油脂當中，再送入烤箱低溫烹調，通常油溫不超過一〇〇度，遠低於油炸。食材在低溫油脂中熟成，不但保水，也能吸收加入油脂裡香料的風味。更重要的是，油封後的食材往往能保存三週以上，可以成為忙碌時的救命仙丹。

至於，油封時該用什麼油？由於橄欖油不適合放入冰箱保存，若油封料理打算放入冰箱長時間保存，我通常會使用家裡的茶油。若製作了馬上就要上餐桌，則使用特級初榨橄欖油。食用油封料理前，需將浸漬在油裡的食材取出，再以大火快煎，將表面煎得焦香。饞腸轆轆時千萬別嘗試做這道菜，否則在香味勾引下只會餓得更離譜。

油封秋刀魚

經過數日的油封，秋刀魚的滋味更為濃縮了，好似咬一口，大海就在面前。搭配著清爽的番茄與洋蔥丁，讓油封秋刀魚的抑揚頓挫更加鮮明。很適合與清涼的啤酒、白酒一同享用。

分量	2人

食材

		配料	
秋刀魚	2尾	洋蔥	1/4 顆
大蒜	2瓣	番茄	1/2 顆

調味料

鹽	適量
米酒	少許
月桂葉	2片
綜合胡椒	少許
粉紅胡椒	少許
茶油	
或特級初榨橄欖油	蓋過食材表面

做法

❶ 秋刀魚去頭去尾，切成三段，洗淨，以廚房紙巾擦乾。

❷ 步驟❶之秋刀魚均勻抹上鹽巴，放進料理盤，淋上米酒。放入冰箱一晚。

❸ 取出冷藏一晚之秋刀魚，擦乾表面。

❹ 在有深度的烤盤內放入月桂葉、綜合胡椒、切片大蒜及秋刀魚，注入茶油或特級初榨橄欖油至蓋過食材。

❺ 預熱烤箱160度，將步驟❹放入烤箱，烤3小時。

❻ 冷卻後，可置入玻璃保存罐內冷藏保存。

❼ 將〔配料〕的洋蔥泡水10分鐘後切丁，番茄切丁，混合均勻擺至盤內。

❽ 熱平底鍋，取出步驟❻之秋刀魚，略煎至表皮微焦，再擺上步驟❼，撒上粉紅胡椒。

油封雞肝

雞肝不是昂貴的食材，濃郁的味道、綿密的口感，卻是餐桌上很不錯的開胃菜。不知為何我從小就很愛吃市場雞肉熟食攤賣的雞肝。這道油封雞肝則又將雞肝帶到另一個層次。

分量	4人

食材

新鮮雞肝	200克	乾辣椒	2條
月桂葉	3片	大蒜	1瓣

調味料

綜合胡椒粒	適量
鹽	1小匙
茶油或特級初榨橄欖油	蓋過食材表面

做法

1. 雞肝以流水沖洗10分鐘，去除筋及血管。擦乾，備用。
2. 有深度的烤盤內放入雞肝、月桂葉、綜合胡椒粒、乾辣椒、蒜片，注入茶油或特級榨橄欖油。
3. 烤箱預熱180度，將步驟 ❷ 烤盤放入，烤40分鐘。

Tips：上桌前可再撒上海鹽和黑胡椒。

油漬彩椒

這是道好看、好吃又健康的開胃菜。更很棒的是，若拿來宴客，還能事先處理好。烤過的彩椒軟嫩香甜，與特級初榨橄欖油的香氣很速配。粉紅胡椒則有畫龍點睛之效。不妨一次可以多做些，做為常備菜。

分量	6人

食材

黃彩椒	2 顆
紅彩椒	2 顆
羅勒葉	10 片

調味料

鹽	少許
黑胡椒	少許
粉紅胡椒	少許
特級初榨橄欖油	蓋過食材表面

做法

❶ 烤箱預熱180度，將清洗擦乾的彩椒放入烤箱烤25至30分鐘。

❷ 待步驟 ❶ 的彩椒冷卻之後，將表皮的薄膜撕除。

❸ 將彩椒以手撕成長條狀，浸入特級初榨橄欖油中。

❹ 上桌前，取出步驟 ❸ 的彩椒，撒鹽、黑胡椒、粉紅胡椒，裝飾羅勒葉。

調味聖品

我有樣學樣地拿油漬番茄炒起糯米椒，連一丁點鹽巴也沒放。

然後，開始動起各式風乾、發酵醃漬品的腦筋，

一道道意想不到卻鮮美的菜餚就這樣陸續上桌。

夏季來臨之前，我隨著茶道老師謝小曼前往九州熊本觀摩她受邀舉辦的茶會。舉辦的場地「泰勝寺」頗為特殊，在江戶時代，這兒是熊本藩主細川家所建的泰勝寺，直到明治時期佛教和神道教分離的政策，才改成細川家宅邸。被一片綠意包圍著，從地面的綠草、青苔到拔地而起的樹木，建築物隱隱約約藏匿其中，愜意得很。目前細川家族仍居住在此，而日本知名的料理研究家細川亞衣正是這兒的女主人。

細川亞衣不但在此生活、研究料理，還不定期舉辦展覽。這次的茶會就是搭配玻璃藝術家橫山秀樹的展覽所設計的。偌大日式榻榻米上擺了數張高低不一的桌子，上頭則陳列著橫山秀樹的口吹玻璃器皿，古意富韻味的空間加上玻璃通透的質感，讓人駐足流連。而就在一旁開放廚房和餐桌的獨立空間，謝小曼運用了橫山秀樹的器皿端出了茶與茶點的多種組合，有氣泡茶飲、加了蜂蜜充滿綿密口感的茶等，也讓人感受到好器皿替生活帶來的美好。

展覽結束隔日晚上，細川亞衣在家宴請我們吃飯。這準備工作可從中午前就已展開，喜好烹飪的我則自告奮勇當起小助手。細川亞衣對義大利飲食文化相當有研究，邊做菜我們也邊聊起了日本和義大利料理。雖然兩者料理看起來都很強調食材原味，不過她認為，日本料理用到高湯的機會多，稍微繁複。對她而言，高湯反而不常使用，而是運用蔬菜本身的甘甜和滋味來調味。

她從罐子裡夾出油漬番茄乾，請我將之切碎，讓我一起做義大利麵疙瘩……。在還沒上菜前，完全沒有概念她將怎麼運用這些食材。直到晚餐時刻，我才感受到這簡單卻又滋味豐富的料理。當地品種的小青椒，放在鍋內煎得表面略有焦色，最後僅以油漬番茄乾拌炒。席間，發自內心的讚美「好好吃」不絕於耳。讓我記憶深刻的是，整個

盤子只有青椒和點綴其中的番茄乾碎，味道卻出奇地深遠。

這根本就是靈感繆斯的一晚。把風乾、醃漬品運用在烹調上，甚至用來取代鹽巴當成調味主角，真是不錯的想法——風乾將滋味濃縮，醃漬發酵品則富有鮮味來源的麩胺酸。仔細一想，身邊其實不乏這樣的例子，只不過以前就是循著既有的組合，而未做更多新的嘗試。

像是，經常被提及的煙花女義大利麵，便是以橄欖、酸豆、鯷魚、番茄乾等做為主要的風味來源。而中式菜餚裡也有不少。還記得一次為了一場尾牙餐會特別製作了習俗上一定要吃的「刈包」，除了麵皮之外，滷五花、炒酸菜全都親手製作。添了富含麩胺酸的醬油、糖、鹽、大蒜和辣椒炒過的酸菜，極度誘人，差點在正式登場前就被我吃光光。後來，直接拿酸菜來炒豬絞肉，也是充滿鮮味且下飯的菜色。

回台後，我有樣學樣地拿油漬番茄炒起糯米椒，連一丁點鹽巴也沒放。然後，開始動起各式風乾、發酵醃漬品的腦筋，番茄乾與日式蘿蔔乾和豆皮炒在一起；試試新鮮番茄與番茄乾、中式榨菜和毛豆的組合；把過往多半拿來蒸魚豆豉切碎和牛蒡絲拌在一起……。一道道意想不到卻鮮美的菜餚就這樣陸續上桌。

油漬番茄
炒糯米椒

不用鹽巴調味，食材僅有糯米椒和油漬番茄乾兩種，做法也容易，卻在簡單中創造出蔬食鮮美的滋味。糯米椒可以各式的椒類取代，如青椒、不辣的尖椒等。

分量	2人

食材

糯米椒⋯⋯⋯⋯⋯10條
油漬番茄乾⋯⋯⋯3顆

調味料

特級初榨橄欖油⋯少許

做法

❶ 油漬番茄乾瀝掉多餘的油，切碎。

❷ 起油鍋，將糯米椒煎熟（也可於鍋內放點水、油，放入糯米椒，蓋上鍋蓋半煎半蒸）。

❸ 將步驟❶ 丟入步驟❷ 一起拌炒。

豆豉牛蒡

牛蒡是帶著土地氣息的食材，搭配發酵過的豆豉，可說是日式食材與中式食材的成功聯姻。鹹中帶香，吃著吃著便會想打開冰箱、拿瓶啤酒。

分量	6人

食材

牛蒡⋯⋯⋯⋯⋯1條
大蒜⋯⋯⋯⋯⋯1瓣
溼豆豉⋯⋯⋯1大匙
乾辣椒⋯⋯⋯1條

做法

❶ 牛蒡去皮，泡水（水中加一小匙醋），備用。

❷ 起油鍋以180度油溫炸步驟 ❶ 牛蒡（炸之前要瀝乾水分），顏色變深後取出，以紙巾吸乾油脂。

❸ 溼豆豉、大蒜切碎，乾辣椒捏碎，以油鍋拌炒出香氣後，加入步驟 ❷ 牛蒡一起炒。

| Tips：水中加醋浸泡牛蒡，可防止牛蒡氧化變黑。

新鮮番茄
炒番茄乾

總是戲稱這是鮮肉番茄與老肉番茄的組合，雖然同是番茄，味道卻同中有異，異中有同，組合起來自是趣味。

分量	2人

食材

小番茄 ———————— 30顆
油漬番茄乾 ———— 10顆
綠花椰菜 ———————— 100克
大蒜 ———————————— 1瓣

調味料

鹽 ——————————————— 少許
特級初榨橄欖油 —— 少許

做法

❶ 油漬番茄乾瀝掉多餘的油脂，切對半。
❷ 起油鍋，將切片的大蒜炒香，下油漬番茄與切小朵的綠花椰菜。
❸ 待綠花椰菜熟了後，加入小番茄拌炒約1分鐘，以鹽調味。

Tips: 每個品牌的油漬番茄乾鹹味不盡相同，建議烹調前先試試鹹度，再決定調味的輕重。

榨菜毛豆

毛豆和榨菜都還有著脆脆的口感，只不過榨菜更為紮實有嚼勁。榨菜的鹹香替毛豆的清新增添了風味，整體而言，這道常備菜走的仍是清爽不油膩的路線。

分量 4-6人

食材

毛豆	200克
榨菜	1/2顆

調味料

辣油	少許
鹽	1大匙
特級初榨橄欖油	少許

做法

❶ 毛豆以滾水燙熟，取出備用。

❷ 榨菜以水沖洗，以滾水汆燙後，切成碎丁。

❸ 將步驟❶、步驟❷及鹽、特級初榨橄欖油混合均勻。滴上辣油。

酸菜炒肉末

好的酸菜、帶點油脂的豬絞肉是此道菜的成敗關鍵，此外，也別以為酸菜有鹹度而省略了醬油這項調味料。有了醬油提味，酸菜肉末香氣反而更為明顯。

分量	4人

食材

酸菜	200克
豬絞肉	100克
大蒜	2瓣
辣椒	1根

調味料

醬油	1大匙
砂糖	1小匙
鹽	1小匙
特級初榨橄欖油	適量

做法

❶ 酸菜以清水沖洗乾淨（多半有雜質），擰乾後切成細末。

❷ 起油鍋，炒香切片的大蒜和切碎的辣椒。

❸ 步驟❷加入豬絞肉、酸菜一起炒。

❹ 待豬肉炒熟後，加入醬油、砂糖和鹽等調味料。

Tips：炒酸菜的時間不能太短，要到香氣出來才可以。

厚切培根
凱薩沙拉

或許因為醬汁的關係，凱薩沙拉總是那麼的討人喜歡。
鹹、香、酸，還有起司的滋味，搭配著脆口的生菜葉，也
難怪是經典沙拉。

分量	2人

食材

蘿美生菜	1顆
厚切培根	60克
帕瑪森起司	100克

調味料

黑胡椒	少許

凱薩沙拉醬

美乃滋	100克
鯷魚	1條
大蒜	1/2瓣
第戎芥末醬	5克
起司粉	20克
檸檬汁	少許
海鹽	少許
黑胡椒	少許

做法

❶ 將〔凱薩沙拉醬〕的所有材料放進食物處理機，打成
泥狀。

❷ 清洗蘿美生菜，泡冰水約20分鐘後，瀝乾、切段。

❸ 乾鍋煎厚切培根丁。

❹ 在盤內擺上切段的蘿美生菜、培根，淋上〔凱薩沙拉
醬〕後，撒上現磨帕瑪森起司和黑胡椒。

Tips: 泡過冰水的蘿美生菜更脆口多汁。

Chapter1-6
時間的味道

風乾的食材風味往往比新鮮的來得濃縮，
時間帶來的滋味，是深厚與奧妙、是飽滿與成熟，就如同人生一樣。

有一年我替一個市場二樓的空間設計菜單，方向是以新竹在地的物產做為主題。開始蒐集資料之際，便發現新竹聞名的九降風帶來了許多和風乾相關的食材，像是秋天的柿乾、米粉等，加上了客家族群居多的這個區域，也有不少歷經時間加持、愈陳愈香的漬物，像是福菜、蘿蔔乾等，就連很具喜氣節慶感的烏魚子這兒也有，已是全台灣最北的烏魚子產地。

風乾，於是成了該次餐桌的主題。當時我寫下了以下這段話：「什麼是風土？受這塊土地滋養而成為常民生活，及濃厚的在地風情。似乎沒有哪個地方比新竹更適合來詮釋風土這二字了。風，九降風，強勁地撫過全台最北的烏魚子、日常的米粉；土，扎根在這片土地的常民，漬出了香氣尾韻悠長的福菜、梅干菜，是土地、時間與勤儉的最佳代言人。」

後來，某些菜在松山文創園區舉辦的「共食餐桌」活動中再現。當時，松山文創園區正在舉辦原創基地節，由設計師米力策畫統籌的展覽「米力的味覺雜貨店」便是以保存食為主題。在一旁，有個偌大的餐桌，連續兩個週

末夜都有以保存食物為題的餐會。我們躲在展板後方，在沒有明火、沒有水源的條件下，烹煮起食物。

好玩的是，每到餐桌活動當日下午，看展的人便只聞其香而不見其菜，那是只以清水熬的「蘿蔔世代雞湯」所散發的香氣。會取名蘿蔔世代，是因為這鍋湯裡有陳年發黑的蘿蔔乾、新鮮的白玉蘿蔔與梅花蘿蔔，及最後才點綴的微辣蘿蔔嬰，不同年齡的蘿蔔們風味不同，融合出滋補的一碗湯。清水裡先以陳年蘿蔔乾、梅花蘿蔔、火腿和桂丁雞腿，熬製數小時後，才將不勝火力的白玉蘿蔔加入熬煮。

清水已非清水，早已成為琥珀色般的汁液，清澈帶稠，是放涼之後會變成果凍狀的那種雞湯。食材和烹調方式看似簡簡單單，其實彌足珍貴，擺了五年、十年的蘿蔔乾用一條少一條，當活動結束後，想再替家中食材庫添點存貨時，產地已傳來缺貨噩耗。這種拿時間換取滋味的菜，真是令人又愛又恨。

另一道黃金美人腿米粉從食材組成到呈現，徹徹底底顛覆了傳統炒米粉的

模樣。以茭白筍絲和蔥為炒米粉的配料，是清淡不油膩也不複雜的組合。最後，僅撒上蛋絲與烏魚子末，做為鹹味與鮮味來源。烏魚子磨成細粉的過程，刨末器具不一會兒就沾滿油脂，便知道這經過風乾熟成的烏魚子除了鹹、香、黏之外，也富含誘人的油脂。最好要吃之前才撒烏魚子，也要即早將米粉拌開拌勻，才會確保烏魚子末不會遇熱遇溼而結成塊狀。

風乾的食材風味往往比新鮮的來得濃縮，若當中還產生發酵，滋味之豐富更是變化莫測。陳年蘿蔔乾、烏魚子如此，柿餅也是。我特別喜愛柿餅帶來濃得化不開的甜與膏狀口感。那次共食餐桌的甜點，我將柿餅做了點變化，增添些許不同味道與口感的食材，像是滑順的奶油起司和酒香，還有脆

口的堅果，沒想到這樣新穎的組合，好評不斷。

時間帶來的滋味，是深厚與奧妙、是飽滿與成熟，就如同人生一樣，消逝的時間其實未曾消逝，只是幻化成生命的厚度而已。

蘿蔔世代雞湯

展現陳年蘿蔔、新鮮蘿蔔實力與魅力的一鍋雞湯，喝完口齒留香外，也彷彿獲得滿滿的精力。還有冬日甜美的白蘿蔔，也會讓人一口接一口停不下來。

分量	6人

食材

棒棒雞腿———6支
火腿————1小塊
陳年蘿蔔——5小條
水————2000cc
白玉蘿蔔———3根
梅花白蘿蔔——2根
蘿蔔嬰————少許

做法

❶ 棒棒雞腿以熱水汆燙。陳年蘿蔔略為沖洗。

❷ 在鍋內加入水，將步驟❶之雞腿、陳年蘿蔔，及切滾刀塊的梅花蘿蔔，大火煮開後，改以小熬煮1.5小時。

❸ 湯中再加入切滾刀塊的白玉蘿蔔再熬20分鐘。

❹ 分裝到湯碗後，在上頭擺上蘿蔔嬰。

黃金
美人腿米粉

黃金美人腿米粉跳脫了炒米粉的模樣。眾人一口接著一口扒碗時都說：「想不到這米粉如此對味。」僅以茭白筍細絲、蔥和米粉炒成的美人腿米粉，最後撒上蛋絲與烏魚子粉，樸實卻津津有味。

| 分量 | 6人 |

食材

美人腿（茭白筍）	5支
烏魚子	1/4付
蔥	3支
薑	1片
米粉	1小份
雞蛋	3顆

調味料

鹽	少許
特級初榨橄欖油	3大匙

做法

❶ 雞蛋打勻，加點鹽（分量外）調味，煎成薄薄的蛋皮。放涼後，切成蛋絲。

❷ 美人腿（茭白筍）切細絲，烏魚子煎過後切細末，蔥白蔥綠切細末且分開備用，薑切末，米粉泡開水。

❸ 熱油鍋，下薑末、蔥白炒香。

❹ 下美人腿細絲拌炒，後下米粉，加水拌炒。以鹽調味。

❺ 起鍋前下蔥綠末。

❻ 盛盤後撒上蛋絲與烏魚子末。

Tips：若選用純米粉，只需要以水略沖過即可。

柿餅卷

單吃柿餅好像有點無聊，找來西式食材，做起了跨國聯姻，飄散著酒香、起司香的這道甜點，讓柿餅也能不只是柿餅。

分量	6人

食材

柿餅 ⋯⋯⋯⋯ 3顆
奶油起司 ⋯⋯ 150克
萊姆酒 ⋯⋯⋯ 1大匙
核桃 ⋯⋯⋯⋯ 6顆

調味料

糖 ⋯⋯⋯⋯⋯ 1大匙

做法

❶ 在奶油起司中拌入少量的糖及萊姆酒。

❷ 柿餅去蒂，剖開成可攤平的長條狀。

❸ 將柿餅鋪上步驟❶和1顆核桃，捲起來，切成對半。

百分之三鹽水的妙用

浸泡三％鹽水是與過往唯一的差異，
那次的紹興綠竹筍香菇蒸雞有往常的鮮嫩酒香，味道卻更加一致與入味。

這幾年低溫烹調大行其道，從餐廳到一般家庭廚房都輕易可見這種烹調方式煮出的菜餚。由於把食材放進真空袋中，透過均溫長時間烹煮，上桌前又再把表面煎得微焦，食物外表焦香裡頭水嫩軟腴，讓人很難不迷戀。雖然也有廚師不支持這種烹調方式，認為低溫烹調不具任何技術，且煮出軟爛的整塊肉缺乏魅力。不過，低溫烹調只是個現代人創造的詞彙，事實上，這種長時間固定溫度的烹調方式早就存在，一鍋燉得軟爛的燉肉、一份老火煲湯不就是正好的例子？

朋友當中，人稱「柱子」的主廚蘇彥彰是研究低溫烹調最徹底的。他出版的《低烹慢煮》從科學的角度解釋原理，也因為懂得個中道理，書中拿出各式各樣家庭就有器材來進行低溫烹調，比起通篇只用低溫烹調機來烹調的書有趣多了。原來用電子鍋、烤箱、水波爐等，根本不用添購專用器材就能做出低溫烹調的菜餚。

低溫烹調的過程中有一點很吸引我，那就是醃漬食材。蘇彥彰在書中提到：「一般來說醃漬就是在烹調之前利用鹽、糖與各種香料來幫助食材呈現更豐富的味道，醃漬的時間可長可短，必須依照要做的料理來決定，可以先醃漬再真空密封，也可以調味料撒完之後立刻真空密封，讓醃漬在真空袋中進行。」

鹽醃則是最簡單基本的醃漬法，蘇彥彰更提出了三％鹽水的絕妙做法，且不只是適用低溫烹調。還記得，一次我擔任「我愛你學田市集」公益便當趴的主廚，負責設計烹煮二十個便當，

營業收入全數捐給公益團體。紹興綠竹筍香菇蒸雞是便當的主菜，等我到了現場進到廚房，我愛你學田市集主廚蘇彥彰便告知我，雞肉已經先浸泡三％鹽水一夜了，調味可以斟酌。

這是道簡單到不行的家常菜，發泡乾香菇、把雞腿肉用剪刀剪成一口大小、竹筍切大塊後，再把所有材料放入調理盆中以紹興酒、鹽、蠔油調味，最後加點太白粉就能放入電鍋裡蒸。

浸泡三％鹽水是與過往唯一的差異，那次的紹興綠竹筍香菇蒸雞有往常的鮮嫩酒香，味道卻更加一致與入味。我知道是一夜鹽水發揮的效益。浸泡鹽水可以讓食材的鹹度更均勻，不會產生有的地方過鹹、有的地方太淡的情形，且在同樣濃度的鹽水浸泡十二小時和二十四小時，鹹度是一樣的，也不用擔心浸泡太久的問題。三％則是蘇彥彰實驗出最佳的鹽水比例。

自從知道三％鹽水的神奇效果後，我也就把此妙方收為祕技之一，經常運用在分量多、調味不易的時候，雞肉香腸卷就是一例。這是道意想不到組合的菜，當初在柬埔寨吳哥的餐廳品嘗到時，驚喜與美味程度不在話下，畢竟雞與豬肉香腸的結合實在太特別了。回台後，憑著記憶中的味覺與用餐經驗，我便在自家廚房實驗起這道菜的做法。擔心捲了生香腸的圓滾滾肉卷並不容易煮熟，很難掌握烹調火候，於是，我打算以低溫烹調來製作，而三％鹽水也就順理成章成為料理前浸泡雞腿肉的工序。

家中並沒有低溫烹調機，但並無大礙，剛好恆溫七十多度的電子鍋適合拿來烹調雞肉，其他的設備也都就地取材。保鮮膜捲好雞肉，放在夾鏈袋後，運用吸管吸出空氣讓夾鏈袋真空，接著放入加了滾燙熱水的電子鍋內三至四小時。上桌前，雞肉卷放到鍋內煎得表皮金黃，香氣四溢，甚至出現了奶油般的香氣。

雞肉香腸卷唯二的挑戰，一是雞腿肉並不大，所以得選細長的香腸，且以歐式生腸較為適當。二是最後乾煎的步驟，富含膠質的雞皮好容易黏鍋。用不沾鍋，可能是較佳的選擇。低溫烹調過的雞肉香腸卷看起來肉質粉嫩還帶點粉紅色，別以為沒熟，那是好吃的畫面。

紹興綠竹筍香菇蒸雞（第76頁）

雞肉香腸卷（第77頁）

紹興綠竹筍
香菇蒸雞

至今我仍始終搞不懂，為何這道完全沒有烹調技巧的菜，可以如此美味？打開電鍋鍋蓋的瞬間，酒香四處飄散，一口咬下，雞肉滑嫩恰到好處。如果你覺得浸泡3%太麻煩，那麼請以1小匙鹽做為取代。

分量	2人

食材

去骨雞腿肉—— 1塊
綠竹筍—— 1/2支
乾香菇—— 4朵
太白粉—— 1小匙

3% 鹽水

鹽—— 1.5克
水—— 500cc

調味料

蠔油—— 2大匙
紹興酒—— 1大匙

做法

❶ 去骨雞腿肉以〔3%鹽水〕置於冰箱浸泡一夜後，取出以廚房紙巾擦乾，剪成一口大小。

❷ 香菇泡冷水，30分鐘至1小時，擰乾水分，切大塊。

❸ 綠竹筍去殼，切滾刀塊。

❹ 料理盆中，加入步驟❶、步驟❷、步驟❸，以蠔油、紹興酒調味，攪拌均勻後，加入太白粉，以手拌勻。

❺ 步驟❹ 置於電鍋以外鍋一杯半的水蒸熟。

Tips: 冬季可以冬筍取代綠竹筍。

雞肉香腸卷

雖然最初是在柬埔寨吃到這道菜，但並不知把雞肉和香腸捲在一起究竟是來自傳統菜，還是新創的創意菜？經由低溫烹調的肉卷，擁有完美的熟度，加上雞與豬的組合，自是迷人之處。

分量	4人

食材

去骨雞腿肉————2塊
歐式細生肉腸————2條

3% 鹽水

鹽————1.5克
水————500cc

調味料

百里香————6根
黑胡椒————少許

做法

❶ 去骨雞腿肉以〔3%鹽水〕置於冰箱浸泡一夜後，取出以廚房紙巾擦乾。

❷ 雞腿肉攤平，撒上百里香，將肉腸置於一邊，一起捲成圓柱狀。

❸ 取一大片保鮮膜攤平，將去骨雞腿開口朝下置於其上，以保鮮膜包起，兩旁以同方向纏繞固定。

❹ 將步驟❸放進夾鏈袋，先密封大部分區域，只留插入吸管縫隙，以嘴吸出多餘空氣後，整個密封。

❺ 燒100度熱水，倒入插電、保溫模式的電子鍋內，再放入步驟❹。約4小時取出。

❻ 上桌前，將步驟❺去除保鮮膜後，放入平底鍋內乾煎至表皮金黃。撒上黑胡椒。

麵包粉的魔法

不少西式料理當中也會加入麵包粉，讓口感更為柔軟溼潤，
道理可能像是我們在獅子頭裡加饅頭一樣。

在家宴客的時候，賓客看我從小小的「一」字型廚房端出一道道菜，不免都會想參觀這個神祕又神奇的地方。「哇，你也太多瓶瓶罐罐的調味料！」是的，在我不大的廚房裡，除了成堆從國外帶回來的餐具外，第二多的應該就屬調味料了。有多誇張？光是一個醋，廚房就有米醋、壽司醋、蘋果醋、白酒醋、紅酒醋、巴薩米克醋等，各種功用都不盡相同。同個種類，可能還有不同產地和品牌。

廚房裡的調味料，分為溼料和乾料兩大類。乾料的瓶瓶罐罐也不遑多讓，薑黃、荳蔻、白胡椒粉、綜合黑胡椒粒、粉紅胡椒粒、羅勒粉、紅椒粉、孜然、肉桂、咖哩粉……，我彷彿是位精通世界各國料理的人。嗯，實情是，有不少乾料買來之後，僅用過一兩次，就因為不熟悉而被打入冷宮了。

避免大家跟我一樣走冤枉路，以一個過來人的身分在此分享：什麼乾料，最值得也最應該買？好的海鹽，你用過後就知道回不去了，會乾脆多買幾罐起來。胡椒類幾乎是指名使用率第二高的乾料，白胡椒多用於中式料理；綜合黑胡椒粒則在西式料理中扮演畫

龍點睛的角色，醃漬食物時也經常用到；粉紅胡椒是在辛辣感之餘，多了甜味、果香和花香，是我近來頗常使用的辛香料。羅勒粉則搶下了季軍的頭銜，多用於西式烘蛋或燉菜。

還有一樣，我也經常購買：麵包粉。和它不太熟前，只知道是日式炸豬排最外一層裹的麵衣，能夠讓豬排外皮酥脆。後來，發現除了拿來炸之外，不少西式料理當中也會加入麵包粉，讓口感更為柔軟溼潤，道理可能像是我們在獅子頭裡加饅頭一樣。

在我餐桌出現的菜餚中，運用麵包粉最經典的，莫過於「義式鑲嵌小卷」。端上桌時，香氣逼人，除了煎得焦香的、胖鼓鼓的身軀外，和尋常的小卷並無兩樣。待一刀劃開後，向來空空如也的小卷身體填滿了黃色、綠色的內餡。

此時此刻，話題便會啟動：「裡頭有什麼？」而我總是愛賣關子：「大家要不要猜看看？」洋蔥、巴西里，還有小卷被切碎的觸手是容易被辨識的食材，接著，往往陷入一片沉思，盼我快快公布解答。數次下來，幾乎無人猜到，

是麵包粉、蛋與起司粉的組合。要不是我是這道菜的烹調者，這種答案我也想不到，畢竟麵包粉已無顆粒狀，和起司粉、蛋成為綿密滑順又具香氣的口感。

我所用的麵包粉，和拿新鮮土司來磨成粉的有些不同，是較為乾燥略帶堅硬的麵包粉。一次，在日本友人家製作鑲嵌小卷，便直接拿新鮮土司刨成粉來使用。結果，內餡過於溼潤軟黏，並非預期中的效果。

這樣的一包麵包粉，若在乾燥和良好保存狀況下是可以擺上一陣子的。它和起司粉極為速配，將兩者混合均勻後，撒在蔬菜上去烤，能夠創造出香酥的滋味。有時候，添點新鮮的巴西里一起，就又更迷人了。

義式鑲嵌小卷

喜歡小卷的彈牙與鮮美，喜歡被塞得鼓鼓的小卷，喜歡小卷裡起司、巴西里的香氣，還有小卷觸手的點綴。此道菜有兩種吃法，單純以鯷魚乾煎，香氣迷人；佐以番茄醬汁燒之，多了分酸甜。

分量 6人

食材

小卷	6小尾
鯷魚	6條

鑲嵌內餡

麵包粉	60克
蒜末	1瓣
雞蛋	2顆
巴西里細末	1小把
特級初榨橄欖油	1大匙
現磨帕瑪森起司粉	50克

調味料

白酒	少許
特級初榨橄欖油	少許

番茄醬汁版額外需要

番茄罐頭	1罐
新鮮番茄	1顆

做法

❶ 將小卷頭部與身體分離，取出軟骨（保持身體完整性），清洗乾淨。

❷ 小卷頭部去除眼睛、嘴巴後，剁成細丁，混入〔鑲嵌內餡〕並攪拌均勻。

❸ 小卷以廚房紙巾擦乾，將步驟❷塞入裡頭，至八分滿，以竹籤封住開口。

❹ 起油鍋，炒香鯷魚，將步驟❸放入乾煎。倒入白酒，燜5至10分鐘（此步驟完成即為鯷魚香煎版，若要製作番茄醬汁版請由步驟❸接步驟❺）。

❺ 起油鍋，炒香鯷魚，將步驟❸放入乾煎。倒入白酒，加入番茄罐頭、切丁的新鮮番茄，熬煮10分鐘。

酥烤豌豆與白花椰

蔬菜經由烤箱烤熟，還帶著爽脆的口感，淡雅中不失個性，特別又加上起司粉和麵包粉的襯托，香氣迷人。佐以義式風味淋醬，酸、鹹、香，層次豐富。

分量	2人

食材

厚豌豆	10條
白花椰菜	1/4顆
麵包粉	3大匙
現磨帕瑪森起司粉	2大匙

調味料

鹽	少許
特級初榨橄欖油	少許

醬料

巴西里	30克
酸豆	10顆
油漬鯷魚	1條
白酒醋	2小匙
特級初榨橄欖油	60cc

做法

❶ 烤箱預熱200度。

❷ 混合麵包粉和現磨起司粉。白花椰菜切成一小朵一小朵，鋪於烘焙紙上，撒上鹽、特級初榨橄欖油、麵包粉和起司粉（保留一些）。

❸ 步驟❷放入烤箱烤15分鐘後，將去掉粗纖維、剖成兩半的豌豆放上烤盤，撒上剩餘的麵包粉和現磨帕瑪森起司粉一起再烤5分鐘。

❹ 製作〔醬料〕，把巴西里、酸豆切末，與鯷魚、特級初榨橄欖油和白酒醋混合均勻。與步驟❸一同上桌。

櫻花蝦烤洋蔥

烤過的洋蔥本就甘甜多汁，又加上了櫻花蝦、麵包粉和現磨起司粉的加分，香氣又更鮮明。由於輪狀的洋蔥不易夾取，可考慮將烘焙紙裁成十公分見方，再擺上單片洋蔥，屆時即是一人份。

| 分量 | 4人 |

食材

洋蔥⋯⋯⋯⋯⋯⋯⋯⋯2顆
乾櫻花蝦⋯⋯⋯⋯⋯5大匙
麵包粉⋯⋯⋯⋯⋯⋯5大匙
現磨帕瑪森起司粉⋯3大匙

調味料

鹽⋯⋯⋯⋯⋯⋯⋯⋯少許
特級初榨橄欖油⋯⋯1大匙

做法

1. 烤箱預熱210度。
2. 洋蔥剝去外皮，切成1.5公分厚度的輪狀。
3. 烘焙紙上鋪上步驟❷，撒上鹽，淋上橄欖油。
4. 乾櫻花蝦、麵包粉、現磨帕瑪森起司粉混合均勻，鋪在每塊洋蔥上。
5. 放入烤箱烤20分鐘。

鮮高湯

一口喝下白味噌豚汁，濃郁鮮美在嘴裡化開，
一路從舌尖、胃、手腳到整個身體都暖和了起來，是冬日清晨的暖陽。

一口喝下白味噌豚汁，濃郁鮮美在嘴裡化開，一路從舌尖、胃、手腳到整個身體都暖和了起來，是冬日清晨的暖陽。不但如此，鮮美的蘿蔔等蔬菜及薄度適中的豬肉片，讓這碗湯飽滿又充滿均衡的能量。這和一般喝到的味噌湯很不同，湯的滋味濃郁，鹹淡適中，再加上豐富的層次與鮮味，絕對名列畢生喝過味噌湯的前幾名。

是高湯起了作用！在鹹、甜、酸、苦四味之外，日本人在二十世紀初率先提出了鮮味（旨味，讀音Umami），來源是麩胺酸，而使用了富含麩胺酸的昆布與柴魚的日式高湯就是鮮味最佳代表。

這讓我憶起一位日本料理廚師在受訪時所言：「高湯就是日本料理的基礎。」沒有紮實的基礎，也就無法做出有靈魂的日式料理。所以，基本功做得足的日式料理餐廳廚師，每天進廚房第一件事便是熬製高湯，有時候連用的水是軟水還是硬水都得講究（據說，軟水更容易引出昆布滋味），畢竟高湯中有高達九十九％的成分是水。

所謂的日式高湯指的是柴魚昆布高湯，將昆布在水中浸泡出味道後，再加入柴魚片萃取味道，最後再以清酒、淡色醬油、鹽等調味。從材料的組成和過程的敘述來看，相當簡單。但被譽為日本料理廚神的廚師小山裕久在《日本料理神髓》就提到：「因為日本料理很簡單反而變得更難做，而這其中最具代表性的應該就是高湯的熬煮。」除了柴魚的魚種、刨片的方式、浸在高湯的時間有影響外，「即使是同一塊昆布，也會有靠近根部、還是中央部分，或是頂端部分，這都會影響高湯的風味和烹煮時間。還有，熬煮高湯時的火候和熬煮時間也都是變數。」這也難怪有人說，十位廚師就有十種高湯的熬法。

那到底該怎麼熬，高湯才能富含鮮味？有幾個大原則可參考，但首先，昆布千萬別洗，上頭白色粉末即是鮮味來源。可事先浸泡數小時甚至一夜（建議擺放冰箱）。此外，最後加入的柴魚片絕對不能過久，否則苦味就會浮現，一般來說，一分鐘就已經足夠了。

高湯也是強調醬汁的法式料理之源頭。藍帶廚藝學校出版的食譜書，最開始就是教大家如何熬製西式高湯。和僅透過昆布、柴魚來萃取鮮味的日式高湯大相逕庭，西式高湯還分為雞骨、

牛骨、海鮮高湯，用料也豐富不少，
如香料束、紅蘿蔔、洋蔥、大蔥……
等，熬煮的過程中，陣陣香氣已飄散
於廚房。

雖然我在家幾乎不太做法式料理，不
過集蔬菜、大骨和香料精華於一身的
西式高湯也並非板凳球員，仍有很多
上場時機。像是將蔬菜切丁加到高湯
裡略微煮熟，便是一碗鮮美又好看的
蔬菜清湯，看似清湯如水，實則口口
飽滿；有了西式高湯，也能盡情地來
碗義式燉飯，在翻炒的義大利米的烹
調過程當中，不斷加入高湯，膨脹的
米已是吸飽高湯精華，自然傳遞出好
風味。

無論日式還是西式高湯，皆得花點時
間和精力，不妨一次多做一點，再分
裝並冷凍保存。等到派上用場時，富
饒的鮮味一定會讓你大讚值得的。

日式基礎高湯

日本高湯因有乾貨昆布、柴魚而充滿鮮味,且讓日本料理在世界有著獨樹一格的地位。不妨一次多做些,分成小罐置於冷凍,或做成高湯冰塊,便於取用。嘗一口,你也會愛上這滿口鮮甜的誘惑。

| 分量 | 1大鍋 |

食材

昆布 ⋯⋯⋯⋯10克
柴魚 ⋯⋯⋯⋯100克
飲用水⋯⋯⋯1200cc

做法

❶ 昆布泡於水中,置於冰箱一夜。
❷ 將步驟❶小火加熱,沸騰前將昆布取出。
❸ 沸騰前,加入柴魚後立即熄火。
❹ 等待1分鐘,將湯過濾。

Tips:同樣的昆布,可再加新的柴魚再重複煮一次,做為味道較淡的第二高湯。

西式基礎雞高湯

帶點辛辣、辛香，西式基礎雞高湯以雞骨熬製而成，是清澈的白色高湯，可拿來做燉飯、醬汁。同樣也建議多做些，保存於冷凍以備臨時取用。

分量	1大鍋

食材

雞骨架	500克	芹菜	1支
雞翅膀	250克	大蒜	4瓣
紅蘿蔔	1根	水	1000cc
洋蔥	1顆	香料束	1束
大蔥	1支		

做法

❶ 雞骨、雞翅膀放入深鍋內加熱至沸騰，撈起浮末。

❷ 紅蘿蔔切片、洋蔥切大塊、芹菜切片後，將所有食材放入鍋內一起熬煮至少1小時到90分鐘。

❸ 將湯過濾成清高湯。

Tips：香料束可買現成乾燥的，也可自己動手將巴西里的梗、月桂葉、百里香組合再用麻繩綑綁。

味噌豚汁

只不過是一道湯品，卻能給人幸福的感覺。日本家庭餐廳必備的湯品，加入了豬肉片後，也顯得隆重。味道的變化會隨著使用的味噌不同而有異。喜歡甜味口感者，不妨試試白味噌。

分量	2人

食材

赤味噌	3大匙
豬梅花肉片	50克
白蘿蔔	150克
洋蔥	1/4顆
蒟蒻	40克
蔥	1支
日式高湯	500cc

調味料

特級初榨橄欖油	少許

做法

❶ 起油鍋將肉片略炒，加入切薄片的白蘿蔔、洋蔥拌炒一下。

❷ 在鍋內加入高湯、切片的蒟蒻煮滾。

❸ 以篩子將味噌溶解於高湯之中，調整味道鹹淡（若不夠鹹可再加味噌）。

❹ 盛碗後在上頭撒上蔥花。

味噌番茄海鮮湯

番茄與海鮮向來就是好夥伴。但與單純以番茄為基底的海鮮湯不同的是，加入日式高湯和味噌之後，番茄海鮮湯的層次更多，甘甜味更鮮明。

分量　2人

食材

蝦子	4尾
小卷或透抽	1小尾
海瓜子或蛤蜊	10顆
牛番茄	1顆
番茄汁	200cc

調味料

赤味噌	3大匙
日式高湯	300cc

做法

❶ 滾水汆燙蝦子、海瓜子、小卷後，取出備用。

❷ 牛番茄切丁。

❸ 湯鍋內加入日式高湯、番茄汁與步驟❷，煮滾後，以篩子將味噌融解於湯之中。

❹ 將蝦子、海瓜子與小卷放回步驟❸，以中小火煮滾約1至2分鐘。

| Tips：最後可撒上些許巴西里增添香氣。

素顏美人

減法哲學也是一種烹飪技巧；

如果食材本身夠好，以「素顏美人」之姿見人，有何不可？

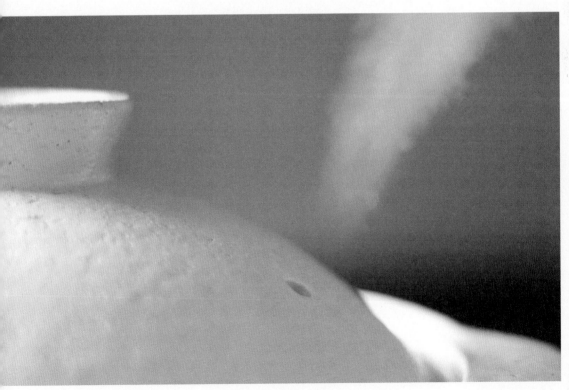

即便已經兩年了，我仍然很難忘懷那蔬菜在嘴裡散發出的鮮甜。

在偌大、可容十人的大木桌一角，我一邊讚嘆著這種原汁原味卻又後勁十足的滋味，一邊懾服於餐廳從空間到器皿所展現出的生活美學，同時又燒腦地想著：廚師到底施了什麼魔法，竟然把看起來平凡無奇的蔬菜變得有滋有味？

這是日本京都一家以朝食聞名的餐廳，涓涓細流的白川和迎風搖曳的綠柳就在眼前，甫開幕即受到各界矚目。和京都人一杯咖啡一塊麵包的日常早餐不同，這兒提供日式早餐。這麼說或許不夠精準，畢竟烤魚、日式煎蛋等，餐廳通通沒有──這兒的早餐走的是和風，不過卻是以蔬菜為主角。

味噌湯、納豆、芝麻牛蒡、生雞蛋、白飯、醬菜外，很搶戲的是以一大黑漆圓盤裝著、擺著井然有序的蔬菜，供前來的人共享。

第一次造訪，黑漆盤裡並列著冬季冷冽氣候所催生的綠花椰、白蘿蔔、紫皮蘿蔔、白菜、洋蔥，就只是清蒸過

而已。店員將醬料盤端至附近，囑咐我搭配著鹽、橄欖油或味噌一起食用，沒有任何規則，可以隨意組合調味。

豈止美味，蔬菜本身鮮甜，又添了金山寺味噌（日本一種以大麥、大豆和米製成的味噌，由於還加了茄子、生薑、紫蘇等佐料，因而味道豐富）和橄欖油的風味，讓人驚豔。

到餐廳付了錢卻吃到清蒸的蔬菜？這筆錢花得很冤枉？若按過往的邏輯思考，可能很多人會錯過這間餐廳和這樣的吃法。主廚看似什麼也沒做，其實他的選材和組合搭配功力可謂高招。嚴選京都丹後地區的蔬菜，因為食材本身夠好也就讓它們自個兒說話，無須濃妝豔抹；簡單搭配與和諧的調味，則是他對味道組合的詮釋。

另一次的蔬菜經驗，更為特殊。我在一家以烤野菜為招牌的餐廳用餐，先點了一道開胃菜：水茄子（大阪產的一種茄子品種）。原以為主廚會端上一道烤過的茄子，沒想到來了一盤切片的生茄子，一旁附上了味噌沾醬。當時我內心上演了一齣情境劇，心想：也太慘了！竟然點了不用廚師任何烹調技法的一道菜。但嘗了此生的第一口生

茄子，眼睛竟為之一亮。茄子水嫩脆口，是過往從未有過的味覺體驗。

這些經驗讓我思考起做菜的邏輯，經常我們都是拚命地往鍋子裡加東加西，卻忘了也許少加什麼的減法哲學，也是一種烹飪技巧。如果食材本身夠好，讓它以「素顏美人」之姿見人，有何不可？這是對於好食材的自信展現。於是，在一場名為「時食惜食‧共餐時光」特別餐會中，我將蒸時蔬放入菜單之中。來參加的朋友對於這道大火蒸過的當季時蔬印象深刻，不少人品嘗到洋蔥與小番茄的多汁甜美，大嘆不可思議。

在家時，我多半使用無印良品土鍋和一個專屬蒸架來蒸時蔬。土鍋加熱速度快，往往不到五分鐘就能讓蒸時蔬上桌。調味也經常是金山寺味噌和特級初榨橄欖油，偶爾則由鯷魚橄欖油登場。只要把清洗乾淨的蔬菜按蒸熟所需時間，分成兩批擺進蒸籠，就能保留食材水分和鮮味，如此簡單的步驟，不也是日常中的小確幸？

蒸時蔬
佐兩種醬料

大火快蒸時蔬，把當季的滋味鎖在食材當中。這是家中餐桌上經常出現的菜色，簡單又美味，還能補充外食纖維攝取不足的煩惱。

分量 3-4人

食材

小番茄	10顆
南瓜	1/4顆
豌豆	10條
洋蔥	1顆
白花椰菜	1/4顆

鯷魚橄欖油

油漬鯷魚	50克
巴西里	1大把
大蒜	2瓣
核桃	6顆
特級初榨橄欖油	150cc

醬料(分別呈裝於小碟即可)

金山寺味噌

特級初榨橄欖油

做法

[蒸時蔬]

❶ 洋蔥去老皮，切成四等份（保留蒂心以免散開）。南瓜切片，白花椰菜切成小朵。

❷ 將南瓜、洋蔥、白花椰菜放入已煮滾的蒸籠，大火蒸3分鐘。

❸ 再將小番茄、豌豆一同放入蒸籠，再蒸3分鐘。

[鯷魚橄欖油]

❶ 將鯷魚瀝掉多餘的油、切碎。巴西里切碎。大蒜切薄片。核桃搗碎。

❷ 將步驟❶所有食材放入玻璃保鮮罐中，並注入特級初榨橄欖油。

蒸培根高麗菜

有了這道菜，別再說你不諳廚藝，所以無法端出美味的佳餚了；嘗過這個清爽又不乏滋味的一道菜，你也會想忘掉總是被拿來清炒的高麗菜。

分量	4人

食材

高麗菜	1/2 顆
培根	4 片
大蒜	2 瓣

調味料

特級初榨橄欖油	少許
黑胡椒	少許

做法

❶ 高麗菜切成四等份，再以培根環繞起來，上頭擺上切片的大蒜。

❷ 放入已煮滾之蒸鍋蒸8分鐘。

❸ 起鍋後撒上黑胡椒，淋上特級初榨橄欖油。

Chapter 2-5

偶爾想偷懶

在家做菜是一種生活覺醒吧,透過親手準備的一頓飯,
或許只是簡單烹調,當中卻有滿盈和充沛的能量。

實在很佩服那些清晨一大早起床煮飯、幫家裡小孩帶便當的家長們，特別是冬日得離開暖呼呼的被窩，一想到就更教人由衷佩服。朋友當中親子教養與飲食專家番紅花便是其一，從家中兩位千金小學三年級開始，她便不辭辛苦地晨起準備現做便當，而非利用前一夜的剩菜預先備妥。一路從兩個便當到一個——大女兒上大學不必帶便當了——最近，番紅花開始倒數做便當的日子，原來小女兒也即將邁入大學了。

每個便當都是愛，每粒飯都有無聲的關心。番紅花告訴我，小學三年級開始，學生得每日在學校吃營養午餐，然而成本結構使然，令她對食材品質有所疑慮；加上她是吃媽媽便當長大的，所以捲起衣袖做起家庭便當。長達十餘年，不知道有著媽媽手作便當陪伴成長的兩位少女，有什麼感覺？又是怎麼看待這件事？

我想，在家做菜也是如此吧，是一種生活覺醒，不光把身體當成工具來利用，而是最親密的夥伴。然後，透過親手準備的一頓飯，表達最直接的關愛。或許只是簡單烹調，當中卻有滿盈和充沛的能量。「日常媽媽菜多半簡單，這樣才做得久。」番紅花對於便當菜色的說明，其實也正是日常餐桌的真諦。這也是為什麼我向來喜歡不用太多技巧和烹調手法的菜色，畢竟那才是真正的餐桌救星。

即便如此，偶爾太忙太累時還是會想偷懶。這時大可拿起電話訂個披薩，或打開櫥櫃拿碗泡麵充飢。但往往覺得有更好選擇或想到均衡飲食，於是作罷。經驗多了，自然累積了不少做菜偷懶的心得和方法呢。

通常，打開冰箱翻箱倒櫃是第一要務。目的當然是看看彈藥庫內還有多少立

即可用的子彈。有時,看到冷藏庫裡不少的時蔬,就會有如看到沙漠裡的綠洲般興奮。因為無論是拿來蒸(參見第99頁)或烤(參見第228頁),都很省時又不費力。此外,如果冰箱裡有優質的半成品食材,絕對能夠幫上大忙的。

歐式肉腸是我冷凍庫的常備食材。經由調味過的加工肉品,無論直接加熱來吃,還是搭配其他食材變成另一道菜都很便利,我很喜歡的一道「花椰菜香腸肉貓耳朵」義大利麵就使用了肉腸裡的肉末。想偷懶時,我經常依樣畫葫蘆在家以短短十二分鐘,做出這道義大利麵或其變化款。滾水一鍋,撒

鹽,放進貓耳朵義大利麵,設定計時器。另一頭,將快速解凍的歐式肉腸去除腸衣,捏成一塊塊的小碎肉,直接入鍋油煎。再加入花椰菜、橄欖和番茄一同翻炒。待貓耳朵麵煮熟時,與配料拌炒,起鍋前再刨點起司,就是有澱粉、蔬菜又有肉的一餐。有時候,肉腸碎肉則和其他食材一起同台演出,最有趣的組合,莫過於肉腸和韭黃了,方便又快速地品嘗亦中亦西的滋味。

即食的醬料也是想偷懶時的救星。蒙塔尼尼(Montanini)的義式帕瑪風綜合蔬菜醬是我食材櫃裡的常備款,裡面含有二至三小時長時間熬煮的胡蘿蔔、甜椒、洋蔥、大蒜等,時蔬的甜味非常鮮明。炎熱的夏夜,在盤子內放入各式生菜,放入已經煮熟、過冰水的義大利冷麵,再淋上該款醬料,就是既消暑又清爽的一餐。

差點忘了,紙包料理也幫了我不少忙。只要把材料和調味料通通擺進烘焙紙內,封起來,放入烤箱。雖然是透過烤箱,不過倒比較像是蒸的料理,通常能保有食材的溼潤度。

肉腸韭黃
義大利麵

肉腸鹹香和韭黃清香，兩者搭出了亦中亦西的義大利麵。
方便的程度，連鹽巴都不用再加。這裡示範的義大利麵
為隨手取得的橫紋通心粉麵，手邊有什麼義大利麵就拿
來用吧，不用太拘泥。

| 分量 | 2人 |

食材

香草肉腸	2條
韭黃	1小把
義大利麵	160克

調味料

| 鹽 | 5克 |
| 特級初榨橄欖油 | 適量 |

做法

❶ 煮一鍋滾水，加入鹽，放入義大利麵（依外包裝建議
時刻烹調）。

❷ 香草肉腸去除腸衣，分成一口大小。

❸ 起油鍋，將步驟❷放入鍋內煎熟。加入切段的韭黃一
同拌炒。

❹ 將煮好濾出的義大利麵加入步驟❸快速翻炒。上桌
前，可再淋點特級初榨橄欖油。

義式蔬菜醬
義大利冷麵

纖維質補充得不夠？這是道很素的料理，不但有不同的生菜，還有已經熱製許久的蔬菜醬。冷麵加上蔬菜的組合，清爽不膩口，是夏天沒有胃口的救贖。

| 分量 | 2人 |

食材

天使細麵 160克
綜合生菜 1大盒
（想吃什麼蔬菜就放什麼，玉米筍、小番茄……）
蒙塔尼尼義式帕瑪風
綜合蔬菜醬 6大匙

調味料

鹽 5克
特級初榨橄欖油 適量

做法

❶ 煮一鍋滾水，加入鹽，放入義大利麵（依外包裝建議時刻烹調）。
❷ 將步驟❶義大利麵過冰水，分成兩人份，備用。
❸ 盤內依序放入生菜、義大利麵，放上蔬菜醬。淋上橄欖油。

紙包麻油
香菇雞腿

做法簡單,不用什麼特別的技巧,是紙包系列最棒的地方。利用烤箱蒸烤的原理,做出來的麻油香菇雞腿雖不是湯品,但保證肉質相當溼潤飽滿。

分量	1人

食材

棒棒雞腿	1支
新鮮香菇	2朵
薑片	4片
枸杞	6粒

調味料

麻油	2大匙
鹽	少許

做法

❶ 取一張適合大小的烘焙紙,在上頭擺上薑片、切片的香菇、雞腿和泡過水的枸杞,淋上麻油,撒上鹽。將烘焙紙密合起來,保留內部空氣對流的空間。

❷ 預熱烤箱至180度,烤35分鐘。

紫蘇鮪魚
三明治

如果你也試過，那麼也會跟我一樣稱紫蘇和鮪魚是天生一對。紫蘇太難取得？不妨在陽台上種上一盆，方便隨時取用。把這三明治當做早餐，也挺不錯的。

分量	2人

食材

鮪魚罐頭————1罐
紫蘇——————4片
生菜——————8大片
番茄——————1顆
土司——————4片

調味料

綜合胡椒———少許

做法

❶ 紫蘇切成細絲，拌入瀝乾湯汁的鮪魚中，撒上綜合胡椒。

❷ 預熱烤箱至100度，將土司烤5分鐘。

❸ 依序在土司上放上：生菜、番茄、步驟❶的紫蘇鮪魚、番茄、生菜，最後再蓋上一片土司。

Tips：能以牙籤固定三明治。

百變常備菜天王

說到了常備菜、冷凍、菜色變化多元這幾個關鍵字，
炒雞絞肉與炒豬絞肉堪稱最佳代言人。

這幾年，常備菜一詞從日本流行到台灣。我想是因應現代人生活愈來愈忙碌的關係吧，總希望冰箱的冷藏大門一開，不用大費周章就能找到解救肚子卻又依舊美味的食物。不是懶，而是省事、更有效率。

既要能保存個幾天又要不失滋味，常備菜可看出幾個特徵。一是，不少涼菜。這些涼菜置於冰箱保存個二三天不成問題，要吃的時候也不用再覆熱，相當便利。不過，並不是每個人都能有個日本胃習慣吃冷食的。天氣炎熱的夏天，涼菜倒很開胃。然而在寒冷的冬天，這樣的常備菜往往不受台灣人歡迎。二是，燉煮類菜色。這類菜餚多半禁得起再次加熱，而且有時候

煮好後在冰箱擺上一夜反而更能讓食物和醬汁有完美的結合。

比起坊間所說的常備菜，我更喜歡能擺進冷凍庫的常備菜，畢竟冷凍庫裡細菌不易繁殖，食物可以保存得更長一些，似乎這才真正是「常備」，白飯就是一例。經常一人獨食的我很難烹調白飯，但偏偏我又是白飯控，多半時候我就會多煮一些，把剩餘的白飯以夾鏈袋分裝成一人份，丟進冷凍庫裡，等到要吃飯時，只需要把白飯放進電鍋或微波爐裡加熱，就能有一碗口感近似現煮的白飯。

義大利肉醬（見第135頁）也是冷凍庫裡的好夥伴，偶爾來不及退冰，甚至可

以把肉醬丟進鍋裡加熱。然而，冷凍庫裡的常備菜限制多了些，能在冷藏庫裡的常備菜並非也能到冷凍庫裡。像是，有含紅白蘿蔔的燉菜在擺進冷凍再退冰之後，質感和口感就完完全全不同。

有時候實在很貪心，即便已經因為常備菜而省了不少力氣，但還是希望同一種常備菜若能變出多樣菜式，那就完美無敵了。比方說，把義大利肉醬淋在蔬菜上成了拌醬，或直接拿來炒蛋。又如，日本九州地區盛行將前一夜未食用完畢的咖哩飯，鋪上了起司，再放進烤箱變成焗烤咖哩飯，據說，還成了當地的招牌美食。

說到了常備菜、冷凍、菜色變化這幾個關鍵字，炒雞絞肉與炒豬絞肉堪稱最佳代言人。同為絞肉，豬絞肉的油脂略多香氣較足，雞絞肉則需較多的醬油與酒來增添風味。烹調製作上幾乎沒有什麼難度，是完成度頗高的一道百變料理。將蒜末和薑末炒香後，再以中小火慢煸豬絞肉，讓油脂可以被逼出外，也能增添豬絞肉的香氣，最後則以醬油、酒等調味。至於雞絞肉的炒法就比較特別，為了避免雞絞肉結成大塊、不夠鬆散，通常會將包含調味料的所有食材置於鍋內，邊加熱邊拿著一大把筷子以同一方向繞圓拌炒。我經常製作大分量的雞絞肉或豬絞肉，再分裝成小分量保存在冷凍庫裡，做為料理變化的基礎元素。

最簡單的吃法，就是炒絞肉配飯。日本很流行將雞絞肉做成好看、好吃、營養又很均衡的三色便當，有咖啡色的炒雞絞肉、金黃的蛋絲，還有綠色的四季豆。若嫌麻煩，白飯上鋪上滿滿炒過的雞絞肉，再配上一顆紫蘇梅就是很可口的組合。也可以拿來和荷包蛋一起煎，或撒在生菜沙拉上頭成為可口的輕食。

香噴噴的豬絞肉則適合拿來拌麵，只要再擱點小黃瓜、蔥花，淋點香油，就會讓人胃口大開。和清淡的食物一起搭配也是很棒的想法，在冷豆腐上頭加上小黃瓜片、蔥花，最後把豬絞肉當成澆頭，就是一道看起來像是一回事的開胃菜。

炒豬絞肉、炒雞絞肉有太多的可能性，也許你對這百變常備菜天王也有更多的活用術想像。

炒豬絞肉

不同部位的豬絞肉，有著不同的油脂。此道炒豬絞肉就是要把豬肉煸得緊實香噴噴的。加了醬油一同煸炒之故，炒豬絞肉完成時一直飄散著迷人的醬油香。

分量	3人

食材

豬絞肉⸺300克
薑末⸺2大匙
大蒜⸺1瓣

調味料

醬油⸺3大匙
米酒⸺3大匙
白胡椒⸺少許
芝麻油⸺2大匙

做法

❶ 起油鍋，炒香薑末及蒜末。

❷ 加入豬絞肉一同拌炒，待肉變色後，加入醬油、米酒，繼續煸炒。

❸ 起鍋前，撒上白胡椒。

| Tips：讓豬絞肉在鍋內煸得乾香，不要太早起鍋。

豬絞肉涼拌豆腐

有了豬絞肉的加持，涼拌豆腐彷彿升級成豪華版。豆腐的軟嫩和豬絞肉的彈牙富嚼勁形成對比，是讓人胃口大開的開胃菜。

分量	2人

食材

嫩豆腐	1/2塊
熟豬絞肉	2大匙
蔥	1支
小黃瓜	1/2根

調味料

醬油	少許
芝麻油	少許

做法

❶ 蔥切末，小黃瓜切薄片。

❷ 將熟豬絞肉，鋪於嫩豆腐上，再撒上小黃瓜與蔥花。

❸ 步驟❷淋上醬油與芝麻油。

豬絞肉蔥蛋

經常出現在便當中的蔥蛋是最平凡但總是能撫慰人心的家常菜，經炙熱鍋子煎過的蔥蛋，香氣四溢。再加入熟豬絞肉一起煎的蔥蛋，可說是升級版菜色，外觀上看不太出來，一口咬下，就知其魅力無窮。

分量	2人

食材

雞蛋	2顆
熟豬絞肉	1杯
蔥	2支

調味料

鹽	少許
特級初榨橄欖油	少許

做法

❶ 蔥切成末，與雞蛋、熟豬絞肉混合均勻，略以少許鹽（也可省略）調味。

❷ 起油鍋，中小火，步驟❶入鍋煎，約30秒再翻面煎。待兩面皆成金黃色，即可起鍋。

豬絞肉拌麵

忙人、懶人救星。只要把冷藏或冷凍的熟豬絞肉拿出來加熱，下個麵、切個小黃瓜及紅蘿蔔，就是能餵飽自己又不委屈的一餐。

分量	2人

食材

乾麵條————160克

熟豬絞肉————2杯

小黃瓜————1條

紅蘿蔔————適量

調味料

辣油————少許

做法

❶ 小黃瓜與紅蘿蔔切絲，備用。

❷ 滾水煮麵，熟了後撈出，放在碗裡。

❸ 將熟豬絞肉及步驟❶，加到碗中，淋上辣油。

Tips：若不喜歡生食紅蘿蔔，可加熱少許油和花椒，將熱油淋在配料上。

炒雞絞肉

炒雞絞肉又稱雞鬆，由於雞肉本身油脂含量少，所以炒起來格外爽口不膩。這道菜的重點不在用鏟子炒，而是用筷子攪拌出來的。可放於冷藏約 3 天，也可分成小分量放於冷凍保存更久。

分量　　5人

食材

雞絞肉 ——— 500克
薑末 ——————— 5大匙

調味料

米酒 ————— 1/2杯
醬油 ————— 5大匙
味醂 ————— 5大匙
糖 ——————— 2大匙
蜂蜜 ————— 1大匙

做法

❶ 將所有材料在鍋內混合。
❷ 準備6支筷子，握在一起將步驟❶拌均勻。
❸ 鍋子一邊加熱，筷子一邊畫同心圓攪拌，直到肉變熟。

梅子雞絞肉飯

雞絞肉鹹、甘、香,加上梅子的酸與鹹,讓簡單的一碗白飯有滋有味。一點也不油膩的口感,讓人多扒幾口也沒有罪惡感。

分量	2人

食材

白飯 ⋯⋯⋯⋯⋯ 2碗
熟雞絞肉 ⋯⋯ 100克
紫蘇梅子 ⋯⋯ 2顆

做法

❶ 熱騰騰的白飯上,鋪上雞絞肉。
❷ 放上一顆紫蘇梅。

雞絞肉番茄沙拉

以清爽的雞絞肉來搭配沙拉，讓沙拉變得更有趣。而
且，已經有鹹度的雞絞肉可以直接取代醬汁做為調味
之用。

分量	2人

食材

熟雞絞肉	1/2 杯
生菜葉	適量
牛番茄	1 顆
洋蔥	少許

調味料

特級初榨橄欖油	少許

做法

1. 將生菜葉洗淨，泡冰水後，瀝乾水分。
2. 洋蔥切絲，泡水。牛番茄切塊。
3. 生菜葉鋪於盤上，分別擺上洋蔥絲、番茄與雞絞肉。淋上特級初榨橄欖油。

雞絞肉三色飯

黃、綠、咖啡三顏色組成的菜色，光看就有好心情，更別說有肉、蔬菜和蛋，是相當均衡的飲食。也難怪，經常成為日本人的便當菜色。

分量 **2人**

食材

白飯	2碗
熟雞絞肉	200克
雞蛋	2顆
豌豆或四季豆	10根

調味料

鹽	少許
特級初榨橄欖油	適量

做法

❶ 雞蛋打散，加一點點鹽，熱鍋中煎成薄薄蛋皮數張。

❷ 將步驟❶切成細絲，備用。

❸ 將豌豆切成細絲，以油鍋炒熟，略以鹽調味。

❹ 飯碗中添入白飯，中間擺上炒過的雞絞肉，兩旁分別擺上蛋絲與豌豆。

人間處處有肉丸

或扁或圓的丸子，不同地方各有巧妙，
添入肉丸的食材也讓肉丸有截然不同奔放的滋味。

這一陣子有個跟美食相關的新聞，引起軒然大波。瑞典官方沒來由地忽然在社群媒體推特上，公開了瑞典肉丸子的真正身世並非瑞典，而是來自土耳其。向來瑞典肉丸子已經根深蒂固存在大家的心中，特別是 IKEA 這家來自瑞典的家具品牌餐廳裡，一定會供應這道菜。於是，瑞典人顯得有些失望，甚至譁然；土耳其人則欣慰終於得到一個公道。

姑且不論瑞典肉丸的真實來源，放眼全球各地，肉丸還真不少。中國揚州的紅燒獅子頭是我們最為親近且熟悉的巨大肉丸，而歐洲各地也有肉丸料理，像是義大利以番茄醬汁燉煮的肉丸，靠我們近一些的日本則將原本夾在漢堡內的肉餡發揚光大成為漢堡排，是日本家庭主婦必學的經典菜。

肉丸，簡單地來說，是以絞肉製做成球狀或扁圓形的丸子。當中的學問可不少，像是，要讓絞肉可以聚合在一起而不會散掉，各地方法巧妙各有不同。更別說，還有添入肉丸裡、搭配肉丸一起食用的食材等諸多細節。

以紅燒獅子頭來說，或許因為製作難度不低，向來與年節菜劃上等號，要製作獅子頭費工和費勁皆是必須的。譬如，需要蔥薑去腥，卻又不直接把蔥薑加入肉餡裡，而是製作蔥薑水，再以同一方向打水的方式，讓肉餡飽含水分。打水前的鹽巴，則會讓肉餡產生黏性、較易成形。為了讓內餡更為滑嫩，各家所使用的祕密武器也都不同，有的加了泡了水的饅頭、有的則是土司，甚至還有米香。除此之外，拌好的肉餡還得使勁地來回摔打，排

出空氣。油炸定型後，還得經過數小時與白菜、醬油醬汁一起細火慢煨。

我習得的義式肉丸製作難度也不遑多讓。首先，以橄欖油炒香有助於肉餡結合的洋蔥；再來，肉餡的食材則比獅子頭來得複雜許多，瑞可達（Ricotta）起司、麵包粉、帕瑪森起司、雞蛋、大蒜、巴西里、檸檬皮，還有稍早炒過、放涼的洋蔥。不難發現，香料和起司在義式肉丸占了極大的分量。而為了讓眾多食材的味道能夠均勻結合，得在冰箱靜置一晚。

隔日，小心翼翼地在鍋內煎熟肉丸，取出後另製作番茄醬汁，再將肉丸慢燉二十分鐘吸飽茄汁。結合肉香、起司香、香草香與番茄香的肉丸，和獅子頭有著截然不同的奔放滋味。

日本的漢堡排雖也有許多不同製作版本，但牛絞肉和豬絞肉是公認最佳的組合，除了有肉香外，豬絞肉也能替漢堡排帶來油脂。炒過的洋蔥的辛辣味已轉變為甘味，是漢堡排甜味的來源之一。有人雖主張洋蔥可以不用炒，製作出的漢堡排口味較為清爽，但炒過的洋蔥不會再出水，能夠避免漢堡排在煎的過程破裂。

若要說製作過程最簡單、味道最清爽的肉丸，則是雞肉丸子了。食物處理機絞碎的洋蔥是必備，板豆腐則能增添肉丸的嫩度。簡單以鹽巴調味後，將肉餡捏成圓球狀，滑入滾水之中汆燙後再過冷水。製作好的雞肉丸可拿來煮火鍋，也能以蔬菜燉煮成帶著些微湯汁的菜色。我則以昆布高湯，再添入夏季盛產的清甜絲瓜，湯鮮而優雅。日本料理研究者的朋友則特別在肉餡裡加入用鹽醃漬的黃檸檬（食譜參考第23頁），咬一口雞肉丸子，雞肉鮮嫩外，也迸發出檸檬清新的香氣，是讓人吃過便忘不了的肉丸。

漢堡排（第 126 頁）

絲瓜雞肉丸子湯（第127頁）

漢堡排

日本家庭國民美食，也是日本主婦必學的一道菜。不妨一次多做一點，可把已經混合好的生絞肉，分成一份份地放於冷凍庫保存，等到要吃的前一天再放到冷藏室解凍。

| 分量 | 3-4人 |

食材

豬絞肉	150克
牛絞肉	150克
洋蔥	1/2顆
麵包粉	20克
雞蛋	1顆

醬汁

| 番茄醬 | 3大匙 |
| 伍斯特醬 | 3大匙 |

調味料

鹽	少許
黑胡椒	少許
特級初榨橄欖油	適量

做法

❶ 洋蔥切成細末，以油炒香，放涼。

❷ 將步驟❶與豬絞肉、牛絞肉、麵包粉、雞蛋、鹽、黑胡椒，混合均勻。

❸ 步驟❷捏成扁圓形狀。

❹ 步驟❸入油鍋小火煎熟。

[醬汁]

❶ 油鍋倒掉大部分的油，留一點點，將番茄醬與伍斯特醬在鍋中加熱。

❷ 將醬汁淋在漢堡肉上。

絲瓜雞肉丸子湯

昆布高湯、絲瓜讓雞肉丸有著高雅甘甜的滋味，搭配加了鹽漬檸檬的清新雞肉丸子，整體清爽不油膩。特別是鹽漬檸檬的酸香鹹，令雞肉丸子有了截然不同的面貌。此道菜可做成湯，也可以是僅些許湯汁的主菜。

分量　6-8人

食材

雞絞肉	500克
蛋白	1顆
板豆腐	1塊
洋蔥	1/2顆
薑	1小塊
鹽漬檸檬	3塊
昆布	1大片
絲瓜	1條

調味料

鹽	少許
淡色醬油	少許

做法

[雞肉丸子]

❶ 洋蔥、薑先以食物處理機攪碎後，拌入板豆腐、雞絞肉、蛋白和切碎的鹽漬檸檬之中，以同一方向攪拌。

❷ 將步驟❶捏成丸子狀，放入滾水中煮熟，過冰水，備用。

[絲瓜雞肉丸子湯]

❶ 昆布泡水3至4小時。

❷ 將絲瓜刮去外皮，切成條狀，與〔雞肉丸子〕一起放入步驟❶，加熱。

❸ 步驟❷煮滾後，以鹽、淡色醬油調味，熄火。

義式肉丸

紮實、分量感十足的肉丸,有著香料的奔放,也帶著起司的濃郁香氣。經過茄汁的煨煮後,更顯得溼潤。如果手邊有麵包,別忘了拿來沾醬汁配肉丸。有時候,我還會加入新鮮的小番茄,味道就更多采多姿。

分量 8人

食材

牛絞肉	500克
洋蔥	1顆
巴西里	40克
大蒜	3瓣
羅勒	10片
麵包粉	60克
檸檬皮	1顆
雞蛋	1顆
番茄罐頭	1罐
番茄汁	1瓶
帕瑪森起司	25克
瑞可達起司	250克

調味料

鹽	少許
黑胡椒	少許
特級初榨橄欖油	適量

做法

❶ 洋蔥切碎,以橄欖油炒至透明,放涼。

❷ 大蒜切碎末、羅勒、巴西里切碎,帕瑪森起司磨成粉末。

❸ 步驟❶、步驟❷與牛絞肉、瑞可達起司、麵包粉、檸檬皮、鹽、黑胡椒混合均勻。並放於冰箱1晚。

❹ 步驟❸取出捏成圓扁球狀,在油鍋內煎熟後取出,放涼。

❺ 另取一湯鍋,將番茄罐頭與番茄汁放入加熱。

❻ 將步驟❹加入到步驟❺一起小火煮15至20分鐘。

| Tips: 小火慢煎不易將肉丸煎破。

肉醬與鷄肝醬

鑄鐵鍋正細火慢燉著波隆那肉醬，距離香腴、溫潤的肉醬大功告成，還得經過兩小時，
然而此時此刻已滿室飄香……

故事要從一位義大利餐廳廚師的自我告白開始。

被譽為全台最懂義大利料理的廚師王嘉平，台北、台中共擁有三家義大利餐廳。一日，他在時下流行的Instagram社群軟體上貼了一張波隆那肉醬麵的照片，並寫下：「要放下自以為厲害的自我，才能做出誠懇的波隆那肉醬麵（我居然花了十五年）。」

十五年，才做出心目中理想的波隆那肉醬麵！他在台北經營的餐廳Solo Pasta，菜單上的波隆那肉醬麵是我經常點、也真心喜歡的一道。難不成還有更強或更地道的肉醬麵出現？這是多麼有趣的故事線索。當下，立刻撥了電話給他，幾十分鐘後，我倆已在餐廳裡碰面。

王嘉平解釋，其實義大利有所謂官方版本的波隆那肉醬麵食譜，不過，真正能按著這些經典食譜做出來的廚師可能為數不多。多數廚師有自己的想法，可能在原本經典的食譜「加油添醋」，或認為有更棒的做法，而過去的他便曾是這樣，以至於錯過最經典的做法。一問才知道，他理想的波隆那肉醬麵在台中所經營的餐廳「K2小蝸牛」，和Solo Pasta是兩種取向不太相似的波隆那肉醬麵。

於是，我跑了一趟台中，又回到台北，吃了兩盤波隆那肉醬麵。我思考著其中的差異在哪？

台北版的肉醬明顯看得出肉仍然呈現塊狀，和台中版的碎肉不同；然而口味上，台北版的蔬菜甘甜味較為突出，台中版的則和肉醬較為平衡。王嘉平說，台北的波隆那肉醬麵的確用了比較多的蔬菜來熬製，台中版的肉醬和蔬菜之間，則呈現出一種你濃我濃的稠度，且搭配的是新鮮手工義大利麵條。你若問我，喜歡哪一個版本？也許習慣使然，我會選個性較為鮮明的台北版。

之後，我請王嘉平給我幾個值得參考的波隆那肉醬食譜，同時對照著手邊數個國外翻譯的。果然是各有各的定見，英雄所見不一定略同。有的只放牛絞肉，即便多數採牛絞肉和豬絞肉混合製作肉醬（取牛肉香氣與豬肉油脂），不過卻出現多種比例，更不用說在蔬菜數量上的差異了。

我想，世上或許沒有哪一種最棒的波隆那肉醬，只有適不適合自己的口味吧。不過，瑪契拉・賀桑（Marcella Hazan）這位被譽為義大利美食教母的烹飪家在《義大利美食精髓》（*Essentials of Classic Italian Cooking*）倒點出了許多做法背後的理由，讓人有更多的理解，對於自己想製作出的肉醬風味也更有想法：「肉的油花愈多，煮出來的肉醬就愈甜。」「開始炒肉，就馬上加入食鹽，才能萃取肉汁，之後才好做醬汁。」「在加酒和番茄之前，先讓肉在牛奶裡烹煮，如此一來番茄的酸味就不會進到肉裡。」

廚房裡，我嘗試著做出屬於自己家庭式的版本，沒蓋上蓋子的鑄鐵鍋正細火慢燉著波隆那肉醬，距離香腴、溫潤的肉醬大功告成，還得經過兩小時，然而此時此刻已滿室飄香，搞得我饑腸轆轆。

波隆那肉醬麵該搭配什麼麵？最經典與正統的是新鮮的手工麵條，而貝殼麵、螺旋麵等可以沾附肉醬的麵也都很適合；唯一受到不少人歡迎、波隆那人卻從來不會用來搭配的，則是不太能沾附肉醬的義大利直麵（Spaghetti）。

咦？本篇的主題不是肉醬與雞肝醬？怎麼還沒見到雞肝醬出場？經典的波隆那肉醬肯定會加入雞肝，而王嘉平所製作的兩款波隆那肉醬麵，在上菜前都會額外再擺上一匙的雞肝醬。基於我對雞肝、雞肝醬的無可抵抗，那不如多買一些雞肝，做些擺在波隆那肉醬麵上，或是拿來配麵包的雞肝醬吧。

波隆那肉醬麵

肉醬就是那麼地誘人，儘管肉醬常噴得到處都是，還是依然想唏哩呼嚕地大口吃麵，最後還會想把盤子拿起來舔得一乾二淨。波隆那肉醬也可以做為冷凍常備菜，一次多做點，小分量置於冷凍保存，就能享受其便利性。

分量 4-6人

食材

奶油	60克	牛奶	185cc
洋蔥	1顆	白酒	185cc
紅蘿蔔	1根	雞肝	120克
西芹	1根	罐裝番茄丁	400克
牛絞肉	250克	義大利貝殼麵	400克
豬絞肉	250克		

調味料

特級初榨橄欖油	少許	巴西里	少許
帕瑪森起司	少許	鹽	2大匙
奧勒岡	1/2小匙	黑胡椒	少許
荳蔻粉	1/4小匙		

做法

❶ 洋蔥切細末，紅蘿蔔、西芹切細丁。

❷ 奶油放入炒鍋，加入洋蔥炒至透明，加入紅蘿蔔、西芹丁一同拌炒。

❸ 步驟❷加入豬、牛絞肉，及奧勒岡拌炒，加鹽、黑胡椒、荳蔻粉調味，炒至肉變色。加入雞肝一同拌炒。

❹ 步驟❸加入牛奶至微滾。

❺ 加入白酒，待酒精蒸發後，加入罐裝番茄丁翻炒。待鍋內開始冒泡後，轉小火，熬煮3小時。期間可視情況加入水或高湯，保持溼潤。

❻ 煮好的貝殼麵淋上步驟❺，撒上帕瑪森起司、巴西里末和放上一匙雞肝醬。

雞肝醬

肝醬的鮮香、綿密，總給人無限的美好。以平價的雞肝製作成的肝醬，不用花大錢就能享受，誰還會想管膽固醇這件事？干邑或不甜的雪莉酒，是增添風味的關鍵。

分量	4人

食材

雞肝	350克
奶油	175克
洋蔥或紅蔥	1顆

調味料

鹽	1小匙
黑胡椒	少許
干邑或不甜的雪莉酒	75cc
粉紅胡椒	少許
月桂葉	1片

做法

1. 雞肝在流水中沖洗10分鐘，並去除筋膜。切成小塊。
2. 鍋內融化75克的奶油，炒香紅蔥細末，加入雞肝、月桂葉一同拌炒，雞肝表面變色裡頭仍是粉紅色即可。
3. 取出雞肝與月桂葉，加入干邑或不甜的雪莉酒，讓醬汁稍微收乾。
4. 將雞肝、75克的奶油、鹽與黑胡椒，放到食物處理機中，打勻。
5. 步驟❹放入容器中，鋪平。
6. 融化剩餘的奶油，淋在步驟❺上，置於冰箱保存。
7. 食用前，撒上粉紅胡椒。

飯桶的日子

掀開鍋蓋的瞬間，白飯粒粒皆直直站立，晶瑩飽滿，
底層些許褐色的鍋巴，等於一鍋白飯，能吃到雙重口感。

這幾年，鑄鐵鍋和土鍋大行其道，每個家庭的廚房裡或多或少都有幾個。鑄鐵鍋和土鍋都以加熱快速、保溫效果佳且沒有化學塗層而受到歡迎，無論是煮湯、燉東西，甚至取代一般平底鍋拿來炒菜也沒問題。我呢，也格外喜歡這沉甸甸的廚房工具。且不光是上述的諸多優點，只要懂得訣竅，拿來煮飯也能煮出粒粒分明飽滿的白飯。為此，我還把原本家中的電子鍋收到儲藏室裡，打入冷宮。

電子鍋不是很方便？洗好米，加入適量的水後，蓋上蓋子、按下開關，等待三十至四十分鐘，就可以有煮好熱騰騰的白飯了。而且隨科技的進步，電子鍋煮出來的白飯已經是近乎高品質。沒錯，電子鍋能煮出穩定高品質的白飯，然而若你有用鑄鐵鍋或土鍋煮過飯，你就會明白，雖然有點挑戰，煮出白飯的品質可謂一等一的好。掀開鍋蓋的那瞬間，白飯粒粒皆直直站立，晶瑩飽滿。開始鬆飯，又能看到底層些許褐色的鍋巴層，等於一鍋白飯，能吃到雙重口感。

也因為以直火煮飯的難度不小，這幾年發展出不少如何用鑄鐵鍋、土鍋煮

出好吃白飯之心得，只要掌握了家中鍋具和火力之間的關係，也能萬無一失。直火加熱和電子鍋煮飯過程最大的差異就在於：浸泡。以土鍋或鑄鐵鍋煮飯，為了讓米芯能夠充分地吸飽水分，在洗米結束後會浸泡在水中，且冬夏有別，夏季炎熱，僅需約三十分鐘，冬季則要長達一小時。實際的煮飯時間，其實很短，而且戰戰兢兢，往往差一分鐘，米飯可能就此燒焦。通常，我會使用計時器來確保時間的準確性。鍋子在爐火上加熱至冒煙後，就得轉小火，繼續烹調五至十分鐘（視飯量不同而有異）後熄火。最後，還得利用鍋子本身的熱度將米飯燜熟，至少二十至三十分鐘。這時候，再怎樣也不能把鍋蓋打開，就是為了避免鍋內溫度下降而影響到米飯。開飯前，適度鬆飯，將多餘的水氣排除，就是一鍋完美白飯。

有時候，我會加入多種穀物讓米飯吃起來更為健康。有時候，單純只是為了口味的變化，做起了將食材和米飯一同炊煮的日式炊飯。一回，在一家以烤時蔬為招牌的餐廳，點了一鍋店家推薦的玉米炊飯，意想不到地美味，特別是主材料僅有玉米和米而已。回家後，對這味道朝思暮想，也就在廚房試著重現。關鍵在於：以日式高湯取代水，且在熄火之後，加入一小塊與玉米是天生一對的奶油。開飯前，再撒上現磨的綜合黑胡椒。

當然也有豪華宴客版本的炊飯，如海瓜子橄欖炊飯。加入洋蔥絲、義式帶籽綠橄欖、馬鈴薯、特級初榨橄欖油和海瓜子的炊飯，集蔬菜的甘甜、橄欖的鹹香還有海瓜子的鮮美於一鍋。這道往往是最後端上桌的菜色，多數已經飽食的賓客也總是捧場，一碗絕對不過癮，寧可冒著被叫飯桶的風險，也要多吃幾口。

米飯做的壽司球也是讓吃飯變得有趣的一道菜。煎過而油脂盡失的培根、切碎的巴西里和白飯的組合，帶來口味上的新奇。玉米炒絞肉，則讓白飯溼潤富有油脂。此外，以蔬菜為主的散壽司也是夏日味覺和視覺的饗宴，經過壽司醋拌過的白飯酸甜有味，隨意鋪上金黃蛋絲、汆燙過的時蔬，就是簡單的米食。

這麼多美味的飯食，減肥的事就晚點再說吧。我總是這麼告訴自己。

玉米飯

經常在日本吃到這道米飯，食材簡單卻能創造出令人拍案叫絕的美味，實在不可思議。就連作家李昂與友人在京都吃過土鍋煮的玉米飯後，便問了：「這你可以在家複製嗎？」

分量	4-6人

食材

玉米 ⋯⋯⋯⋯ 2支
白米 ⋯⋯⋯⋯ 2杯
日式高湯 ⋯⋯ 2.2杯
無鹽奶油 ⋯⋯ 1小塊

調味料

鹽 ⋯⋯⋯⋯ 少許
綜合黑胡椒 ⋯⋯ 少許

做法

❶ 白米洗淨後，夏季浸泡30分鐘（冬季1小時）。

❷ 玉米取玉米粒。

❸ 白米瀝乾水分後，放入土鍋，加日式高湯與玉米粒。蓋上鍋蓋，以大火煮至冒煙後，轉小火，繼續煮10分鐘。

❹ 打開蓋子，將奶油放入，蓋上鍋蓋燜30分鐘。

❺ 上桌前撒上鹽、綜合黑胡椒。

栗子飯

秋天最令人期待的一鍋飯,特別是金黃色的栗子是很能呼
應秋天的顏色。栗子香甜、米飯的甜,讓這鍋飯有著不同
層次的甘甜,是很甜美的記憶。

分量	4-6人

食材

栗子────20顆
白米────2杯
日式高湯───2杯

做法

❶ 白米洗淨後,夏季浸泡30分鐘(冬季1小時)。
❷ 白米瀝乾水分後,放入土鍋,加日式高湯與栗子。
蓋上鍋蓋,以大火煮至冒煙後,轉小火,繼續煮10
分鐘,熄火燜30分鐘。

橄欖海瓜子炊飯

總被安排在宴客最後登場的炊飯,雖然當時多半已具飽足感,但鍋蓋一開,飯一盛,一口下肚,很少人能抗拒再添一碗的誘惑。來自西西里島的綠橄欖功不可沒,鍋底的鍋巴也有人專攻。

分量	6-8人

食材		調味料	
白米	2杯	月桂葉	2片
帶籽綠橄欖	15顆	巴西里	少許
大蒜	2瓣	白酒	50cc
海瓜子	300克	特級初榨橄欖油	2大匙
馬鈴薯	2小顆		
洋蔥	1/2顆		
檸檬	1/2顆		
水	2杯		

做法

❶ 馬鈴薯、洋蔥切塊。海瓜子泡鹽水吐沙。白米沖洗後,夏季浸泡約30分鐘(冬季約1小時)。

❷ 將瀝乾的白米、切塊馬鈴薯、洋蔥、大蒜、帶籽綠橄欖、月桂葉、白酒、1匙特級初榨橄欖油放入鑄鐵鍋,加2杯的水。蓋上鍋蓋,以大火煮至冒煙,轉小火繼續煮12分鐘。

❸ 打開鍋蓋,將海瓜子、1匙特級初榨橄欖油一起加入步驟❷。蓋上鍋蓋,小火繼續煮5至6分鐘,待海瓜子打開,熄火。

❹ 讓鑄鐵鍋繼續燜10分鐘,打開後拌上巴西里,擠檸檬汁。

玉米肉末飯糰

一顆顆的小飯糰很討喜，特別是裡頭還包著顏色漂亮的食材。玉米肉末飯糰是便當菜的好選擇，小朋友超愛。拿來做輕食野餐也很不錯。

分量 | 6-8人

食材

白飯	1 碗
玉米	1/2 支
雞絞肉	150 克
薑末	2 大匙

調味料

醬油	1 大匙
米酒	1 大匙
味醂	1 大匙

做法

❶ 將雞絞肉、薑末、醬油、米酒、味醂混合，放入鍋內，加熱，以筷子同方向混合攪拌至熟。

❷ 加入玉米粒繼續拌炒。

❸ 另取一調理盆，將冷飯與拌炒過的食材混合均勻。

❹ 雙手戴塑膠手套沾溼，把步驟❸捏成小飯糰。

巴西里培根飯糰

靠著小火乾煎，培根的油膩感完全不見了，加上清香的巴西里，兩者有了很棒的對話。一樣做成小圓球狀，在派對上很受歡迎。

分量 | 6-8人

食材

白飯	1 碗
巴西里	適量
培根	1 片

做法

❶ 培根切成0.5公分寬度。

❷ 熱鍋中，不加油，將培根煎得微焦。

❸ 另取一調理盆，將切碎的培根、切成細末的巴西里與白飯混合均勻。

Tips：戴上塑膠手套沾水，可以避免米飯黏手。

❹ 雙手戴塑膠手套沾溼，把步驟❸捏成小飯糰。

時蔬散壽司

散壽司幾乎是「美」的同義詞，在醋飯上鋪上各式各樣的食材，美不勝收。夏季時，以五顏六色時蔬做成的散壽司，不但清爽，還很開胃。一不小心，可能還會吃了太多飯呢。

分量 4-6人

食材

白飯	4碗（2杯白米）
蛋	1顆
豌豆	20根
蓮藕	1節
酪梨	1顆
海苔	少許

調味料

砂糖	14克
鹽	7克
壽司醋	40cc
特級初榨橄欖油	適量

做法

❶ 豌豆撕去粗纖維、蓮藕切薄片。以滾水燙熟後，過冰水備用。

❷ 把蛋打勻，加入些許鹽（分量外）。起油鍋，煎蛋皮。

❸ 將步驟❷切成細絲，備用。

❹ 酪梨切成丁，備用。

❺ 煮好的白飯，一邊吹涼，一邊混入壽司醋、砂糖、鹽。

❻ 在步驟❺上，隨意地擺上豌豆（也可剖半）、蓮藕薄片、蛋絲、酪梨丁、海苔等。

我家就是咖啡館

顏色鮮豔的水果，被夾在象牙白的奶油和土司之間所創造出的橫切面，

總是引起少女心瘋狂。

日本京都應該是全世界咖啡館數量最多的城市之一，而且持續地增長中。每次造訪京都，知道我對咖啡館有興趣的友人便會通報，某某地方又開了一家新咖啡館，某家話題新咖啡館人氣很旺……。大的、小的、日式的、昭和時期的、北歐風的，有的甚至只有戶外的兩個座位，有的沒有招牌，風格不一而足。

到京都喝一杯咖啡，有的店家只賣咖啡，只能純粹喝咖啡，然而也有為數不少的咖啡館提供優質餐飲或搭配咖啡的輕食，而且成為名物。

提到京都咖啡館，就不能不提雞蛋三明治。這已是京都大名鼎鼎的特產，好似沒吃過雞蛋三明治就沒到過京都。以這幾年在京都踏察的經驗判斷，如果有份京都雞蛋三明治的考察地圖

和心得，那肯定不會是兩三張便紙隨便就能交代完畢的。即便都稱為雞蛋三明治，從造型、蛋的多寡厚薄，到抹不抹番茄醬美乃滋，各家都有不同看法，也讓雞蛋三明治千姿百態。從食材來看，雞蛋三明治或許很普通，但就滋味而言，滑嫩有彈性的日式煎蛋、濃郁的蛋香，在在都很誘人。

要做出完美的雞蛋三明治難不難？真正在家動手製作時才知道，一點都不容易。雖然工欲善其事必先利其器，買了個專門煎日式玉子燒的鍋子，但並不是這樣一切就迎刃而解，多少顆蛋、火力大小、捲蛋的方式等，都是魔王關卡等級的考驗。一不小心，鍋內的蛋捲得歪七扭八，一下子火力太大，蛋就煎得焦焦的。後來才發現，真正厲害或掌握訣竅的人，根本連專門煎日式玉子燒的鍋子也不用。只好

安慰自己，不斷地累積失敗經驗就是加速到達成功的方法。

從打蛋開始就有竅門的，要讓蛋卷容易捲得起來，首要避免拌入太多空氣，通常筷子在調理盆中左右切拌來回移動即可（但若要製作歐姆蛋則可打入空氣創造鬆軟口感）。添入日式高湯（參見第90頁），則可讓煎蛋的層次與滋味更加豐富，而且口感滑嫩，但若加入太多的高湯，則有可能讓蛋液過稀，不容易捲起。再來是瓦斯的火力，以中火為佳，要趁蛋液完全凝固之前，把蛋皮捲起來。

比起日式雞蛋三明治，在日本同樣流行的水果三明治則相對簡單多了，而且可隨著四季更迭更換不同的當季水果，是我經常在家端出的下午茶點心。顏色鮮豔的水果被夾在象牙白的奶油和土司之間所創造出的橫切面，總是引起大家的少女心。

我習慣以馬斯卡彭（Mascarpone）起司和鮮奶油來製作水果三明治的內餡醬料，比起奶油起司和鮮奶油的組合來得鬆軟。鮮奶油加糖後，必須打發到攪拌器拿起，上頭的鮮奶油呈現尖角

且不會下垂。之後，將馬斯卡彭起司和糖混合均勻，再與打發的鮮奶油拌勻，即是水果三明治的抹醬了。有時候，我也會拿現成的紅豆泥來搭配，三明治的一邊抹上鮮奶油一邊則抹上紅豆泥，除了多了一種顏色外，味道的組合也很有趣。

至於水果的選擇，帶點酸味的水果都很適合，像是草莓、奇異果、葡萄等。水分飽滿的水果如水蜜桃、哈密瓜則帶來特殊的口感。

經常隨手把手邊季節水果拿來製作水果三明治的我，似乎沒踩過什麼雷。唯一想到要加的警語大概就是，一次別做太多種口味。否則，以土司來製作的水果三明治，很容易就會把肚子吃得太撐。

水果三明治

水果三明治是日式咖啡店裡很流行的不敗甜點，水果可以依著季節而改變。我吃過最奢華的水果三明治莫過於產季短、水分多又香甜的水蜜桃三明治了。若紅豆泥取得不易，也可以直接以馬斯卡彭起司抹醬取代。

| 分量 | 2人 |

食材		**馬斯卡彭起司抹醬**	
土司	4片	馬斯卡彭起司	100克
紅豆泥	200克	動物性鮮奶油	100cc
奇異果	1顆	白糖	2大匙

做法

[馬斯卡彭起司抹醬]

❶ 將動物性鮮奶油與1大匙白糖放入調理盆，以攪拌器打發至鳥嘴狀（下方硬挺）。

❷ 再繼續加入馬斯卡彭起司和1大匙白糖拌勻。

[水果三明治]

❶ 土司去邊。

❷ 奇異果切扇形。

❸ 將一片土司抹上厚厚一層馬斯卡彭起司抹醬，將奇異果整齊擺上去。

❹ 另一半土司抹上厚厚一層紅豆泥，蓋在步驟❸上。

❺ 以刀子將土司對半切。

麵包好朋友

單吃麵包、抹上塗醬,或者擺上各式食材的組合,

成為類似西班牙 Tapas 的前菜,準備起來簡單又不失豐富與美味。

我經常在家宴客，原因不外乎，大家都可以不受打擾地好好坐下來享受一段美好的時光。為此，從能呼應季節的菜色、酒水到器皿，事前都得細心思考。或許不光只是愛做菜喜分享，我更喜歡坐下來和大夥兒一起吃、一起聊，畢竟這才是聚會真正的目的。

很多人都訝異，為什麼我可以并然有序地端出一道道的菜，然後又能坐下來與大家一起吃飯聊天？

想坐下來一起享受，也可以在宴會之初就「梭哈」所有菜色，不過，由於溫度對菜餚美味的程度影響甚鉅，我通常不這麼做，而是結束了一道菜後再端出下一道，不但有起承轉合，大夥兒也更有期待。要這麼做，自有其難度。通常，得用上許多小心機。

一般來說，賓客到齊前，大約有八、九成的菜色已經大告告成，才不至於手忙腳亂，是故，需要大火快炒的菜色鮮少出現在菜單中。而烤箱則是很棒的幫手，可以算好時間將食材丟進烤箱，接著就只要花時間等即可。燉煮菜或湯品，也是很好的菜式，事先花時間處理好，待上菜前轉開瓦斯爐火再覆熱。涼拌菜、開胃菜，也都是數小時前備妥冰在冰箱的良品。

此外，我很喜歡在宴會之初端出與麵包相關的開胃菜。這是很西式的做法，吃法也很多變，單吃麵包、在麵包上抹上塗醬，或者在切薄片的麵包上擺上各式食材的組合，成為類似西班牙Tapas的前菜，又或者搭配火腿、漬菜一起食用，準備起來簡單又不失豐富與美味。我經常統稱它們是「麵包的好朋友」。就如同一道我印象最深的麵包開胃菜，要客人自行先拿起大蒜在烤得表皮金黃的麵包上抹幾下，然後再將切半的番茄如法炮製地塗抹，就是一片具蒜香又有番茄味的開胃菜了。

我個人習慣使用有豐富小麥香的法國長棍麵包，能在咀嚼之間突顯香氣。當日新鮮的長棍麵包，連烤都不用烤就能直接上場，若是事前冰在冷凍庫的則噴點水進烤箱，讓麵包恢復具彈性的口感。

至於第一類好朋友——抹醬，最受朋友們歡迎的莫過於酪梨羅勒醬了。這款和青醬看起來頗為類似，不過氣味來得清新許多，顏色則是極為討喜

的青綠色（但接觸空氣後會開始變墨綠）。酪梨帶來綿密滑潤如奶油般的口感，羅勒和檸檬汁則賦予清新香氣，其中還添了帕瑪森起司，刻意不磨成粉，以食物處理機打至還保留顆粒結晶感。海鹽、黑胡椒粉、橄欖油也都是風味的來源。

第二類好朋友──擺在切片法國長棍麵包上的食材，則能天馬行空。番茄丁拌上羅勒、鹽、黑胡椒和特級初榨橄欖油，再擺至麵包上，即是具義大利風味的開胃菜。很喜歡櫛瓜的我，經常以蒜片、橄欖油清炒櫛瓜，僅以鹽巴調味，待放涼之後，拌入撕碎的羅勒葉。擺到麵包上頭後，再刨點起司、淋上特級初榨橄欖油增添風味。想偷懶也有方法，買罐油漬沙丁魚罐頭，瀝乾沙丁魚的油脂，擺到麵包上，再添點洋蔥絲、鹽、黑胡椒、檸檬汁，就是很豪華的開胃菜。

以上這些或許還在想像範圍之中，那麼無花果、布利（Brie）起司、核桃和蜂蜜的組合，就多了點驚喜。只需要把這四樣食材依序擺至麵包上，就能創造出溼潤、奶油的滑順、鹹與甜、堅果香，是不是很神奇？

酪梨羅勒醬

看起來與義大利青醬很相似，不過味道仍有差異，這是在羅勒的基礎上，加入滑順富含油脂的酪梨。不若青醬的重口味，酪梨羅勒帶著一股清香。

分量 4-6人

食材

酪梨	1小顆
羅勒	1大把
檸檬	1/2顆
帕瑪森起司或帕達諾起司	30克

調味料

鹽	1小匙
黑胡椒	少許
特級初榨橄欖油	2大匙

做法

❶ 酪梨切大塊，帕瑪森起司切小塊。

❷ 將酪梨、羅勒、特級初榨橄欖油、鹽和黑胡椒放入食物處理機打成泥。

❸ 步驟 ❷ 加入帕瑪森起司繼續打，讓帕瑪森起司仍保有顆粒感。

甜椒醬

不但可以抹在麵包上，也可以拿來沾蔬菜一起食用，甜椒醬展現了甜椒經過烤後的甜美滋味，是款風格像是鄰家女孩的醬料。

分量	4人

食材

甜椒 ———— 1顆

調味料

鹽 ———————— 少許
黑胡椒 ———— 少許
檸檬汁 ———— 1小匙
酸奶 ———————— 100克
蜂蜜 ———————— 2小匙

做法

❶ 烤箱預熱180度，將甜椒置於烤盤上，送入烤箱烤25至30分鐘。

❷ 步驟❶取出後，將甜椒剝去薄膜、去籽。

❸ 將步驟❷及〔調味料〕放入食物處理機，打成泥。

Tips：甜椒的薄膜放冷較不易燙手，容易剝去。

布利起司無花果
蜂蜜核桃麵包

看完這道食譜，或許你也會覺得這一點難度也沒有，只是把食材切好擺到長棍麵包上頭而已。是的，就是這麼簡單可以創造出的美味。

分量	8人

食材

無花果 —————— 2顆

布利起司 ——— 8小薄片

核桃 —————————— 8顆

蜂蜜 ——————————— 少許

長棍麵包 —————— 8片

粉紅胡椒 ————— 少許

做法

❶ 無花果切成8片。

❷ 在長棍麵包上依序擺上無花果、布利起司、核桃。

❸ 在步驟❷上淋上蜂蜜，撒上粉紅胡椒。

櫛瓜起司麵包

多數朋友對這道菜都讚譽有加，甚至還出主意說，若沒有羅勒，薄荷應該也適合。以大家的反應來看，這道菜真是事半功倍，只需要把櫛瓜炒一炒，食材拌一拌，就能拿來當開胃菜。

分量	8人

食材

櫛瓜	1條
大蒜	1瓣
羅勒	16片
長棍麵包	8片
帕瑪森起司或帕達諾起司	1小塊

調味料

鹽	少許
特級初榨橄欖油	1大匙

做法

❶ 起油鍋，炒香蒜片，下櫛瓜，讓其變軟，以鹽調味，放冷備用。

❷ 將羅勒撕成小片，拌入步驟❶。

❸ 在長棍麵包上擺上步驟❷後，再刨上幾片帕瑪森起司。

❹ 上桌前在淋上特級初榨橄欖油（分量外）。

鷹嘴豆泥
抹醬麵包

流行於中東、北非的一道開胃菜，香料讓鷹嘴豆泥有著豐富的香氣。製作時，可依個人喜好調整濃稠度，若喜歡稀一點，則可以加點煮鷹嘴豆的水。

分量	4人

食材

乾燥鷹嘴豆 (或鷹嘴豆罐頭)	150克
長棍麵包	半條
大蒜	1瓣
香菜	少許

調味料

鹽	1大匙
孜然粉	1小匙
紅椒粉	少許
芝麻糊	1大匙
檸檬汁	1小匙
特級初榨橄欖油	1大匙

做法

❶ 乾燥鷹嘴豆泡水一夜，倒掉水，另以滾水煮20分鐘至一捏即碎，濾乾（或直接以鷹嘴豆罐頭取代）。

❷ 食物調理機內放入步驟❶、芝麻糊、檸檬汁、特級初榨橄欖油、切碎的大蒜、孜然粉，打成泥狀。

❸ 盛盤後，淋上特級初榨橄欖油（分量外），撒上紅椒粉，裝飾香菜，搭配切片的長棍麵包一起食用。

是主角, 抑是最佳配角

既簡單又隨和的豆腐，只要擁有上乘的品質，當主角絕對可以獨撐大局；

搭配得宜，抑是他人的最佳配角。

你會怎麼料理白嫩嫩的豆腐？煮湯，還是拿來和皮蛋送做堆？若是五年前被問到這個問題，除了煎雞蛋豆腐外，我可能山窮水盡、沒有更多的答案。不過，經歷這幾年密集地造訪日本，特別是京都，豆腐入菜的例子可不少，而且都是相當美味的回憶呢。

田樂豆腐，是將豆腐抹上了味噌後烤製而成，同為黃豆製品的豆腐和味噌相輔相成，香上更香；居酒屋常見的豆腐開胃菜，則是在嫩豆腐上擺上了炒過的豬絞肉、蔥花、洋蔥等，再淋上醬油；評價兩極，常被許多人評為吃不懂、吃不飽的湯豆腐，的確很有京都禪風，需要打開味蕾和感官，方能感受到豆腐本身細緻甘甜與滑嫩。

若不局限於豆腐本身，而加入更多豆腐延伸的食材，可說是精采萬分。我在京都最愛的家庭料理「あおい」（讀音 Aoi），吃到了日文稱為「生湯葉」的新鮮腐皮。端上桌時，就像一個個小方塊，仔細一瞧，其實是由一層又一層的新鮮腐皮所堆疊起來的。搭配些許山葵，蘸著醬油而食，滿口的豆香與甜味令人難以忘懷。而青綠色的毛豆豆腐也值得記上一筆，以毛豆、豆腐、蛋白和鹽先磨成泥再蒸的毛豆豆腐通常是冷菜，毛豆鮮明的味道最為前鋒，而黃豆的香氣則是後韻，有趣極了。

羅列了這麼多的豆腐料理，不難發現，豆腐是個既簡單又隨和的食材，只要豆腐擁有上乘的品質，拿來當主角，

絕對可以獨撐大局；多半的時候，豆腐又可以與其他的食材像是天生一對，在餐桌上搭配得宜，此時豆腐就又是最佳配角。

回到自個兒家裡的餐桌，我的確深受日本處理豆腐的方式影響，無論是宴客還是日常用餐，最常出現的豆腐菜便是豆腐泥與其他食材的混合。

在日文當中，「和え」（讀音Ae）是指將食材混合在一起，衍生出「味噌和え」、「酢和え」和「白和え」等做法。當中的白和え指的就是混合了豆腐泥的料理，最為經典的一道菜便是「豆腐泥拌菠菜」。將板豆腐以重物壓一段時間，以去除水分，同時間將菠菜汆燙過冷水並擰乾。最後將豆腐壓碎，拌入鹽，再與菠菜混合均勻，撒上芝麻，就是清爽的開胃菜。有的人為了有綿密的口感，甚至在壓碎豆腐後，會再過篩一次。

以這個為概念，味噌豆腐拌毛豆成了家中的招牌菜。從食材的組合來看，根本就是黃豆家族大集合，黃豆製成的味噌和豆腐，還有還沒成為黃豆前的毛豆。這道菜彈性空間也很大，豆

腐泥多一些，豆腐即是主角；反之，毛豆則成為主角。而我偏愛把豆腐當成主角。

每每獲得大夥兒稱讚這道菜時，我便會說：「這真的超級簡單的，請務必試試！」板豆腐重壓去水後（懶人也可以省略，但要快點吃完），壓成泥，拌入味噌，再把汆燙並過了冰水的毛豆拌入，上桌前淋上些許的特級初榨橄欖油，即大功告成。有時候，為了這道菜擁有更多層次，我甚至會同時用上赤味噌和白味噌，還曾經放了三種味噌進去。有時候因應季節，也會以豌豆仁取代毛豆，或乾脆同時將皇帝豆和毛豆一起拌進去。

最近，則又從日本友人那發現一道同為簡單的豆腐菜——利用豆腐渣拌時蔬，如豆腐渣拌玉米、豆腐渣拌蘆筍。台灣超市和傳統市場並不販售豆腐渣，但這道菜好吃的程度，會讓你想盡辦法去和家裡附近的豆漿店、豆腐店或要或買一些來的。

芝麻豆腐泥牛蒡

冷盤開胃菜。第一次對這道菜有印象，是在一家和風餐廳的早餐。在芝麻濃郁氣韻之下，豆腐的味道並不突顯，反倒比較像是扮演潤滑劑的角色。牛蒡在芝麻與豆腐的襯托下更顯大方。

分量	6人

做法

食材

牛蒡	1 條
板豆腐	1/3 塊

調味料

醬油	1 小匙
鹽	少許
白芝麻	1 小匙
醋	1 小匙
未調味芝麻醬	2 大匙

❶ 牛蒡削去外皮，切成長條狀。泡水 5 至 10 分鐘。

❷ 滾水中放入醋，將步驟 ❶ 放入，煮 10 分鐘，過冰水備用。

❸ 容器內混合板豆腐、醬油、鹽巴、未調味芝麻醬，搗成細泥，混合均勻。

❹ 步驟 ❷ 加入步驟 ❸ 及白芝麻，拌勻。上桌前可再撒白芝麻（分量外）。

Tips：煮牛蒡時在水中放點醋，可以避免牛蒡變色。

味噌豆腐泥
拌毛豆

清爽、高雅又細緻，重點是，非常容易上手。味噌豆腐泥拌毛豆將黃豆家族大集合，味道自然合拍又展現了豐富的層次。如果不喜歡毛豆，能以皇帝豆、豌豆仁取而代之。

分量	6人

食材

毛豆	100克
板豆腐	2塊

調味料

赤味噌	2大匙
白味噌	2大匙
特級初榨橄欖油	少許

做法

❶ 毛豆洗淨去除薄膜，以滾水汆燙2分鐘後，過冰水瀝乾備用。

❷ 豆腐以重物壓5至10分鐘。

❸ 步驟❷豆腐放入容器內，以湯匙搗成泥（愈細愈好）。

❹ 將赤味噌與白味噌，一次一點加入步驟❸拌勻，邊拌邊試味道，若不夠鹹則可繼續加味噌。

❺ 將步驟❶之毛豆拌入步驟❹（可留一點上桌前撒上）。上桌前，再淋上特級初榨橄欖油。

| Tips：勿選用富含水分的嫩豆腐。

豆魚（第174頁）

豆渣玉米、豆渣蘆筍（第175頁）

豆魚

這道以乾腐皮製作的菜餚，有豆製品的一股香氣。腐皮裡包裹的蔬菜烹調重點在於要保持脆口，千萬別炒到軟爛。因為腐皮容易破裂，所以蔬菜炒完時，也得要把水分瀝乾。

分量	3-4人

食材

銀芽	1大把
紅蘿蔔	1/2條
乾香菇	2朵
鮮香菇	3朵
乾腐皮	2大張

醬料

糖	2大匙
白醋	2大匙
水	2大匙
番茄醬	2大匙

調味料

鹽	少許
特級初榨橄欖油	1大匙

做法

Tips：蔬菜炒完後水分要瀝乾；腐皮卷乾煎時，把封口朝下。

❶ 乾香菇泡發，切細絲。紅蘿蔔、鮮香菇切細絲。

❷ 起油鍋，小火將銀芽、紅蘿蔔絲、乾香菇絲、鮮香菇絲炒至七分熟，以鹽調味。瀝乾水分，放涼備用。

❸ 取乾腐皮攤開後，將步驟❷鋪在其上，捲成長條狀。

❹ 腐皮卷封口朝下，在鍋內以小火煎至表面微焦取出。

❺ 將〔醬料〕倒入鍋內煮滾，淋在完成的腐皮卷上，亦可單吃不加醬料。

豆渣玉米（左）
豆渣蘆筍（右）

想不到總是被回收拿去當肥料的豆渣是如此的美味，料理前，已散發出黃豆淡淡的香甜。製作完成後，就如同將時蔬裹上一層鬆軟綿密的外衣。作家韓良憶甚至建議可以在上頭滴幾滴辣油增添香氣。除了玉米、蘆筍外，菜豆也很適合與豆渣搭配喔。

| 分量 | 6-8人 |

食材

豆渣 ────── 350克
玉米 ────── 1支
（可替代為蘆筍或菜豆）

調味料

鹽 ────── 2大匙
特級初榨橄欖油── 3大匙

做法

Tips：由於取得的豆渣很溼很黏，故先以烤箱讓其水分蒸發，若有不沾鍋也能用鍋子乾炒。另外，豆渣會吸油，所以加入清香型的油脂有加分效果。

❶ 烤箱預熱120度，烤盤鋪上烘焙紙，再將豆渣鋪平其上，烤上10至15分鐘。
❷ 取出豆渣放涼，以攪拌棒壓碎。
❸ 整根玉米取下玉米粒。
❹ 起油鍋（2/3分量橄欖油），炒香玉米粒後，加入豆渣一起拌炒。
❺ 再添入剩餘的橄欖油拌炒，加鹽。

Chapter 5-2

我愛紫蘇

我愛紫蘇！是相見恨晚、也最直接的告白：
強烈有個性的味道，那專屬的悠長清新香氣甚是迷人。

我愛紫蘇！這是打從心裡最直接的告白，甚至有種相見恨晚的心情。

紫蘇在台灣日常餐桌並不常現身，雖然只要到日本料理店點上一盤生魚片也許就能找到，但被墊在生魚片下方的這片綠葉多半會被忽略，不少人似乎對它的味道頗為陌生。它只是拿來裝飾顏色和盤飾用的？親嘗一口，先會被那強烈有個性的味道震懾住，細細回味，那專屬的悠長清新香氣甚是迷人，和海鮮甚為匹配。

過去，我也和紫蘇很不熟，把它當成生魚片盤中可吃可不吃、可有可無的食材，完全不知道該如何運用在烹飪上頭，直到我在茶道老師謝小曼家中

吃到了她的招牌菜之一蓮藕蝦餅。身為茶人的謝小曼是台灣生活美學家，不但經營「小慢」茶館，對於運用生活器皿創造出生活美感也著墨甚深。她同時也是烹飪高手，經常信手拈來製作出令人垂涎的菜餚，加上質感的餐具加持，總是讓餐桌美得不像話，吃得令人陶醉沉迷其中。

我還記得蓮藕蝦餅被裝在一個有開片（冰裂紋）的土色大皿，切成扇型的蓮藕蝦餅亂中有序地疊了起來，一旁則有生菜與番茄。和印象中肥厚的蝦餅很不同，她製作的蝦餅薄如紙片、吹彈可破，略為焦黃的表面是鍋內火候烙上的痕跡，內餡鮮蝦的紅、紫蘇的綠、蓮藕的暗紫全都透過了餅皮看得

一清二楚。一口咬下，餅皮酥脆，蝦的鮮甜、蓮藕泥的清香和紫蘇搭配得恰到好處。事後回想起來，若少了任何一種食材，這蝦餅也都會顯得黯然失色。蝦和蓮藕泥是主體，而紫蘇宜人的香氣，則讓這道菜有了深度與靈魂。

自此，紫蘇便靠著蓮藕蝦餅成為我餐桌上宴客的常態班底了。把蓮藕蒸熟或煮熟，以食物調理機打成泥，調味。在潤餅皮上抹上蓮藕泥、略切為大塊的鮮蝦和一片片的紫蘇，最後再以另一片潤餅皮蓋上，油煎。要訣是：因為內餡含水量高，所以內餡分量不能過多，而鍋內的油則不能太少。

後來再查了資料發現，紫蘇很早就出現在中國的飲食當中。明代李時珍就曾記載：「紫蘇嫩時有葉，和蔬茹之，或鹽及梅鹵作菹食甚香，夏月作熟湯飲之。」當中的菹食指的是醃漬菜，果然英雄所見略同，現今日本醃梅子最經典的口味正是紫蘇醃梅了。而韓國人也廣泛地運用紫蘇，除了直接包著韓國烤肉片來吃，解膩增添香氣外，他們竟也製作紫蘇葉泡菜。由於顏色暗淡，紫蘇泡菜看起來不是很討喜，不過加了魚露、辣椒、蜂蜜、醬油等

一同醃漬，味道和香氣豐盛，是很棒的開胃菜。

市面上的紫蘇大致分為兩種，一為紅葉紫蘇，一為青紫蘇（青紫蘇又有一日本品種，呈鋸齒狀）。一般來說，紅葉紫蘇和日本青紫蘇的香氣較為強烈，由於紅葉關係能拿來當成天然染色劑，常拿來醃漬梅子，青紫蘇則多拿來入菜。不過，傳統市場常見到的倒是紅葉紫蘇，日本料理店使用的青紫蘇則多要到高級超市才能取得。

既然向紫蘇告白，身為鐵粉，自然得多盡點力支持。炎熱的夏季，正是綠竹筍的盛產時節，煮湯或涼筍的吃法雖經典卻也顯得有點膩，於是趁著宴客之際，我在冷筍當中加入汆燙過冰水後切塊的鮑魚，然後也添了一些切絲的青紫蘇，些許的橄欖油、鹽之花，一道超級簡單菜上桌了。眾人報以驚喜的讚賞，特別是清新的紫蘇帶所來迷人的香氣，彷彿是夏日的一股清風拂過雙頰。

紫蘇蓮藕蝦餅

有了紫蘇的提味，蓮藕蝦餅也變得高雅。一旁可以搭配生菜。半煎半炸的薄蝦餅，吃一小塊好像不太夠？

分量	4-6人

食材

蓮藕	1節
蝦仁	15尾
青紫蘇	8片
潤餅皮	4張

調味料

鹽	少許
特級初榨橄欖油	適量

做法

❶ 蓮藕去皮，切小塊，蒸熟，或烤熟。

❷ 蝦仁切成大塊。

❸ 將步驟❶、步驟❷、鹽放進食物調理機打成泥。

❹ 在潤餅皮依序鋪上薄薄一層步驟❸、紫蘇，再蓋上一片潤餅皮。

❺ 油鍋中將蝦餅半煎半炸，至表皮金黃。

Tips：若想要蝦仁的口感更突出，蝦仁可以切小塊而不用打成泥。

紫蘇泡菜

首次聽到來自韓國的紫蘇泡菜相當興奮，畢竟紫蘇氣味強烈，和一般以白菜做的泡菜應該很不同吧？果然，一如其獨特的氣味和韓式的混合，相當過癮。適合拿來搭配烤肉或肉類主菜食用。

分量	4人

食材

青紫蘇	10片
洋蔥	1/4顆
大蒜	1瓣

醬料

芝麻	1大匙
蜂蜜	1小匙
魚露	2大匙
醬油	4大匙
韓式辣椒粉	1大匙

做法

❶ 洋蔥切絲，大蒜磨成泥。

❷ 步驟❶混入〔醬料〕，拌勻。

❸ 紫蘇葉洗乾淨、擦乾後，每片抹上步驟❷，一層一層疊起來。置於冰箱冷藏隔夜即可食用。

紫蘇鮑魚涼拌綠竹筍

綠竹筍千篇一律加美乃滋？其鮮美似乎都被美乃滋掩蓋住了。我更喜歡這樣的吃法：綠竹筍與橄欖油的清香，還有紫蘇、海鹽的提味，清新宜人。加鮑魚，更為隆重；不加，很日常，滋味也很棒。

| 分量 | 4-6人 |

食材

生米	1大匙
綠竹筍	2支
鮑魚	4顆
青紫蘇	4片

調味料

| 海鹽 | 少許 |
| 特級初榨橄欖油 | 少許 |

做法

❶ 湯鍋加水加1大匙生米，綠竹筍洗淨帶殼放入鍋中，煮30分鐘。

❷ 步驟❶綠竹筍過冰水，去殼，切滾刀塊，放於冰箱備用。

❸ 鮑魚以滾水汆燙後，過冰水，切薄片。

❹ 綠竹筍、鮑魚和3片切絲的紫蘇，於調理盆中，加海鹽、特級初榨橄欖油混和均勻。

❺ 步驟❹盛盤，再撒上剩下1片切絲的紫蘇。

| Tips：加生米煮綠竹筍可去除苦味。

紫蘇梅子炸雞

平淡的雞胸肉在這道菜中瞬間雅緻起來，這樣的夾餡炸雞，往往能創造驚喜，特別是梅子與紫蘇的不敗組合，替油炸食物帶來一股清新感。

分量 4-6人

食材

紫蘇鹽漬梅子	4大顆
雞胸肉	2片
青紫蘇	6片
麵粉	4大匙
雞蛋	1顆
麵包粉	3杯

調味料

鹽	少許
炸油	適量

做法

❶ 紫蘇梅去籽，剁成泥，備用。

❷ 雞胸肉從側面剖半但不要切斷，撒上鹽。

❸ 在每片紫蘇葉上鋪上梅子泥，對折後，夾入雞胸肉之中。

❹ 雞胸肉開口處以牙籤固定。

❺ 步驟❹依序裹上麵粉、蛋汁、麵包粉。

❻ 起油鍋，至180度，將步驟❺下油鍋炸至表面金黃。

❼ 起鍋後，將牙籤取出，炸雞切成數份。

金黃色的甜蜜

阿成、阿嬌、東昇、李白,南瓜的品種名這麼多,
它們之間有什麼差異? 做濃湯或炒米粉要用哪種適合?

那一次的小農市集裡，我遇見了此生最多同時登台卻長得各個都不同的南瓜，且名字一個比一個還有趣：阿嬌、東昇、李白，反倒是栗子南瓜顯得平凡多了。看著這些南瓜品種名，一邊讚嘆命名的人的想像力，一邊卻苦惱著到底該買哪一個？它們之間有什麼差異？攤販對於我的疑問，似乎也無法具體地回答。

不同南瓜品種真的有差異嗎？直到後來學費繳得多了才知道，有的口感鬆軟，有的飽含水分，不光是容貌差異很大，就連口感味道也有不同。錯把不適合的品種拿來料理，雖不致於毀了整道菜，但口味可能會與期待值有段差距。比方說，若拿香味較低、水分較高的阿成品種來煮湯，那麼那鍋南瓜濃湯會怎麼煮也煮不太香、太濃郁。又如，把水分較高的南瓜拿來做南瓜泥沙拉，也容易讓沙拉顯得水水的不夠濃稠。

一般來說，台灣最常見的南瓜品種應該是一年四季都可以看得到的「中國南瓜」了，其底下的品種名超級有趣，如阿成、阿嬌。中國南瓜果實呈橢圓或木瓜型，外皮有斑點，有的是青綠色，有的是黃色。由於富含水分、香氣較低，多半會拿來炒金瓜米粉。

大人小孩都很愛的南瓜濃湯就該挑屬於西洋南瓜體系的「東昇南瓜」。從外型來看，東昇南瓜外皮橙黃，看起來相當賞心悅目，其口感鬆軟、甜度高，自然是做成西餐餐桌上常客南瓜濃湯的首選。

向來頗為懶惰的我，製作南瓜濃湯也走簡易路線，比起要顧在爐火前炒洋蔥和南瓜，我更喜歡利用小烤箱。烤盤上鋪上烘焙紙後，將剖半去籽的南瓜與洋蔥置於其上，淋點橄欖油，就讓烤箱將南瓜與洋蔥烤熟，完全不用多勞心。經過此一步驟，南瓜與洋蔥雙雙在高溫下產生梅納反應，是南瓜濃湯甘甜滋味的來源。之後，只要再以湯匙取出南瓜肉，並與洋蔥打成泥，兌高湯與鮮奶後加熱、調味，就是一鍋黃橙橙的少油南瓜濃湯。

至於近年很討喜的「栗子南瓜」適合什麼料理？因其甜度高，又帶著栗子的香氣而得名，皮薄肉質綿密，整顆呈現深綠色，只要清蒸就很美味，甚至連皮都可以一起吃。若做成日式的

佃煮料理也很適合，這種強調又鹹又
甜的烹調方式，添了醬油又加糖與味
醂，不僅會讓栗子南瓜的甜味在醬油
襯托下更加鮮明，也會有不同層次的
甘甜味。

由於栗子南瓜的香氣獨特，我也很喜
歡將之做成沙拉。說實話，這是道頗
為費事的料理，但好看極了，金黃色
的南瓜泥當中混了青色、紅色、紫色、
綠色的食材，繽紛而人見人愛。

製作這道菜幾個大原則，一是南瓜得
先蒸熟，二是生吃不太好吃的蔬菜得
先汆燙、過冰水，三是能夠生吃的蔬
菜就直接混合進來即可。通常，蒸熟
的栗子南瓜我會保留些許外皮一起做
這道沙拉，此外，綠豌豆、小番茄、
紫高麗菜、毛豆、黃豆會是這道菜的
基本成員。當然，也可以隨個人喜好
而調整食材，不過要記得，配色是這
道菜能否成功的關鍵之一。

對了，南瓜可不是愈新鮮愈好，擺放
一段時間後的南瓜反而會因為略失水
分而甜分更高，所以挑選南瓜得挑蒂
頭愈乾燥的，如此一來採買回家就可
以立即料理了。

南瓜濃湯

每次喝南瓜濃湯都會讓我心情很好，顏色也好，滋味也罷，南瓜濃湯都帶來很溫暖的感覺。此款南瓜濃湯以烤取代火炒，更為省力。加了一湯匙的蜂蜜，又替濃湯加分不少。

分量　**6人**

食材

東昇南瓜	1 顆
洋蔥	1 顆
雞高湯	800cc
牛奶	250cc
核桃	少許

調味料

蜂蜜	1 大匙
鹽	1 大匙
特級初榨橄欖油	少許
綜合胡椒	少許

做法

❶ 烤箱預熱200度。烤盤上鋪上烘焙紙，將剖半去籽的東昇南瓜、剝去老皮並切塊的洋蔥置於其上，淋點橄欖油，進烤箱烤30分鐘。

❷ 將步驟❶的東昇南瓜以湯匙刮下果肉，和洋蔥一起以食物處理機打成泥狀。

❸ 步驟❷與雞高湯、牛奶一起進湯鍋加熱，最後加入蜂蜜與鹽調味，上桌前可撒上核桃與現磨綜合胡椒。

繽紛南瓜沙拉

栗子南瓜的香甜與稠度在這道沙拉當中展露無遺。宴客時，我總是提前做好這道菜，最後以黑色或白色盤子盛盤，讓五顏六色更為突顯。

分量	4人

食材

栗子南瓜——1小顆或1/2大顆
綠豌豆————————15根
小番茄————————20顆
紫高麗菜———————100克
毛豆—————————20顆
黃豆—————————20顆
（可買即食罐頭或省略）

調味料

美乃滋（可省略）———1大匙
鹽———————————1大匙
特級初榨橄欖油————少許

做法

❶ 栗子南瓜剖半去籽後，以電鍋蒸熟，放涼備用。
❷ 綠豌豆、毛豆汆燙過冰水瀝乾，將豌豆切成丁狀。
❸ 小番茄切半、紫高麗菜切絲。
❹ 將南瓜搗成泥，與其他食材及美乃滋混合，最後以鹽調味。上桌前淋上橄欖油。

栗子南瓜佃煮

南瓜在醬油的襯托下更顯甘甜，竹筍則無懼調味，呈現出一股清新。這道鹹鹹甜甜的菜，在餐桌上總是很討喜，又同時可以補充大量的蔬菜。

分量 4人

食材

栗子南瓜	1小顆或
	1/2大顆
綠竹筍	1支
毛豆	20粒
鴻禧菇	1/4包
乾香菇	4朵

調味料

日式高湯	300cc
淡醬油	3大匙
砂糖	1大匙
味醂	2大匙

做法

❶ 乾香菇泡冷水30分鐘，去蒂，切對半。

❷ 綠竹筍切滾刀塊，栗子南瓜切大塊。

❸ 高湯、淡醬油、砂糖和味醂先入湯鍋煮沸，加入栗子南瓜、綠竹筍煮10分鐘。

❹ 加入毛豆、鴻禧菇與香菇繼續煮5分鐘。

你想要幾分熟？

半凝固的蛋黃，黃橙橙、閃亮亮的，好不誘人；
咬一口，嘴裡黏黏的滋味與蛋香，很是滿足。

你想要幾分熟？這不是詢問牛排的熟度，而是水煮蛋熟度。如果有選擇，我一定選蛋黃仍然呈現膏狀、蛋白早已熟透的半熟蛋，中文有另一種說法稱之「溏心蛋」。半凝固的蛋黃，黃橙橙、閃亮亮的，好不誘人。咬一口，嘴裡黏黏的滋味與蛋香，很是滿足。

有一年冬天，我為了做出完美的溏心蛋而在廚房耗時傷神許久。剛開始，按著食譜指示，先把冷藏室的雞蛋取出擺放在廚房的桌上，讓蛋能夠與室溫相同，此舉能避免煮蛋時一遇熱造成蛋殼破裂。冷水加熱，煮滾後需要多少時間都嚴陣以待，一旁計時器倒數著。

時間一到，鈴聲一響，便把雞蛋取出沖起冷水，開始剝殼。災難也就從這個時候開始──沒有一顆蛋成功地脫殼。蛋白仍然太軟，有的和蛋殼就像是連體嬰般緊密相連。一不小心，蛋白凹凸不平，且有了裂縫，蛋黃就如同火山爆發一樣溢流而出。有一說，新鮮雞蛋的蛋殼特別難剝，因為是新鮮蛋的氣室較小的緣故。然而，要製作溏心蛋怎能拿不新鮮的蛋來製作呢？

只好繼續實驗找方法。關於怎麼做出完美的溏心蛋眾說紛紜，有人建議要在雞蛋鈍側打洞，有人建議在水裡放鹽、小蘇打；煮法也是一籮筐，冷水煮或熱水下鍋都有人主張。放鹽是為了不會讓蛋白溢出，而在雞蛋氣室打洞則是讓氣體先排出、部分水分可以滲入，據說，這可以讓剝蛋更為順利。

根據煮過數十顆失敗溏心蛋經驗，似乎能夠歸納出一些方法。雞蛋必須放在室溫數小時，取一圖釘小心地在雞蛋底部刺上一個洞，冷水下鍋，鍋裡撒點鹽。大火煮滾之後熄火，再燜上數分鐘不等。若想蛋黃仍會流動，則燜上二至三分鐘；燜上四分鐘，蛋黃則呈現膏狀；超過七分鐘，則整顆蛋已全熟。煮蛋期間，可別忘了一邊攪動水裡的雞蛋，此舉可讓蛋黃保持在正中

央，煮出好看的溏心蛋。接著，時間一到，立刻把水煮蛋移至冰水（自來水或冷水還不夠）當中，如此一來，蛋白遇冷收縮，與蛋殼間的縫隙變大，便容易剝出完美的溏心蛋。

相對而言，溏心蛋的浸泡醬汁做法容易多了。醬油、開水、味醂調勻即可將溏心蛋浸泡其中，在冷藏室擺個一至二天入味。若想味道的層次更多，也可以擱點花椒、八角提味。

說到底我為什麼費了九牛二虎之力製作溏心蛋？起初只是為了幫雙麩燉梅花豬這道菜配色，把上海小菜烤麩與來自日本的「車麩」，一同加到以紅燒為醬汁燉煮的梅花肉裡，沒想到味道意外地合拍，這完全是天外飛來一筆的菜色。

麩即是大家熟知的麵筋，車麩為乾燥的，造型像是車輪一樣而得名；新鮮的麩則是方塊大小。兩種麩在燉煮過程像是海綿一樣吸飽醬汁，又沾附肉香，實在美味。特別是車麩，很容易讓人誤以為是肥肉，滷製後其光澤格外誘人，口感滑嫩，是我們少有的味覺感受。溏心蛋在這道菜扮演味覺轉換的角色，由於僅以醬油、味醂醬汁調味，對比紅燒的濃厚，溏心蛋有著清爽的口味。

溏心蛋拿來單吃已經很過癮，不過想要奢華點，可以在上頭擺上魚子醬或鮭魚卵，宴客時就能當成一道開胃小點。而且，一定要讓大家知道，沒有點真工夫是做不出這道看起來簡單的菜呢。

溏心蛋

膏狀的蛋黃，總是那麼地誘人。無論是單吃，還是搭配其他食物，如沙拉、燉肉等，都有極佳的效果。

| 分量 | 6人 |

食材

雞蛋 ———— 6顆

醃汁

醬油 ———— 200cc
水 ———— 600cc
味醂 ———— 200cc

做法

❶ 雞蛋至室溫回溫後，在氣室端以圖釘打個洞。

❷ 常溫水加鹽，放入雞蛋，加熱至水沸騰後，熄火。燜4或5分鐘。

❸ 雞蛋泡在冰水中，剝殼。

❹〔醃汁〕食材混合均勻，將步驟❸放入，置於冰箱1至2天。

馬鈴薯
半熟蛋沙拉

如果有新鮮的產季馬鈴薯，這道菜會非常地成功。軟綿的馬鈴薯搭配上膏狀的半熟蛋，在嘴裡化開，粉粉的、滑滑的、綿綿的。

分量　4人

食材

半熟蛋	2顆
(不用泡過醬汁)	
馬鈴薯	4小顆
洋蔥	1/2顆
巴西里	少許

醬汁

白酒醋	1大匙
鹽	少許
黑胡椒	少許
第戎芥末醬	1小匙
特級初榨橄欖油	2大匙

做法

❶ 馬鈴薯蒸30分鐘，至竹籤可以插入的程度。

❷ 馬鈴薯切成大塊狀，趁熱撒上鹽與黑胡椒。

❸ 洋蔥切絲，泡水。半熟蛋切成四等份。

❹ 混合所有〔醬汁〕食材。

❺ 煮熟的馬鈴薯盛盤，將洋蔥、巴西里、半熟蛋散著擺放。最後再淋上〔醬汁〕。

車麩燉豬梅花
佐溏心蛋

上桌一看，以為是肥的豬肉，其實是車麩。吸飽湯汁的車麩口感軟嫩不軟爛，和豬梅花相輔相成。溏心蛋則有畫龍點睛之效。

| 分量 | 4人 |

食材

溏心蛋	2顆
豬梅花	600克
車麩	6個
薑	1小塊
蔥	2支
香菜	少許

調味料

醬油	1杯
紹興酒	1/2瓶
芝麻油	1杯
冰糖	1/2杯

做法

❶ 車麩泡水10分鐘，擰乾水分，切成一半。

❷ 豬梅花肉切大塊，起油鍋，薑片入鍋翻炒至表面微焦後，豬梅花炒至表面變色。

❸ 加入冰糖與切段的蔥一起炒，讓豬梅花表面沾上焦糖。

❹ 加醬油翻炒後，倒入紹興酒，加車麩，大火煮滾，轉小火，蓋上鍋蓋煮20分鐘。

❺ 開蓋大火收汁。

❻ 盛盤後，放上香菜點綴，並在一旁擺切半的溏心蛋。

乾燥車麩

Tips：因加冰糖之故，最後階段容易燒焦，燉煮過程，可時不時掀開鍋蓋翻攪一下。

Chapter 5-5

其實我很平易近人

躍上餐桌，起司像是千變女郎般總是撩人。

有時候，起司和火腿是派對的開胃前菜；有時候，卻變成了甜點出場。

閱讀《風味事典》（The Flavour Thesaurus）是個有趣的經驗。作者妮姬‧薩格尼特（Nike Segnit）將各式各樣的食材依照風味分門別類，並製作出三六○度的風味輪盤。有些風味我們或許熟悉，譬如，濃郁果香風味、檸檬柑橘風味、大地風味、烘烤風味等；有些則很陌生，如硫磺風味、森林風味。更引人入勝的是，食材風味如何被定義、找到歸類？像是甜菜根被歸為大地風味並不稀奇，但是芹菜和茄子也同屬這個光譜就耐人尋味。

我特別注意到，有個類別叫做起司（書中原文為乳酪）風味（Cheesy），原以為起司可能會出現在其他大類之中，沒想到它可以自成一格。這也才提醒了我，並非我們飲食文化一環的起司，其實是一個博大精深的世界，不但有分門別類的系統，創造出的質地與味道也是相當多元。

這正是起司的可愛之處：豐富與多變。根據不同的乳源、殺菌與否、乳脂含量、菌種、處理方式等，造就了光是法國就有上千種不同的起司，更別說還有其他地區的起司。躍上餐桌，起司像是千變女郎般總是撩人。有時候，起司和火腿是派對的開胃前菜；有時候，卻變成甜點出場。不過，對於法國人來說，起司不會做為開胃菜出現在餐前，若看到侍者推著擺上各式起司的推車出現時，代表一頓持續數小時的法式料理，即將進入尾聲，這是主菜後、甜點咖啡前的一道菜式。據說，這樣的安排能確保甜點前每一道菜的風味，不會受到起司影響。

同樣也是起司大國的義大利，單吃起司之餘，更喜歡將起司與菜餚結合。像是經常磨碎、加入菜餚的帕瑪森起司、

瑞可達起司或與番茄、羅勒一起成為開胃菜的新鮮水牛起司（Mozzarella）。這也是我經常站在超市琳琅滿目起司櫃前採購的原因，有了具風味的起司加分，做菜似乎也變得容易許多。

不過，話雖如此，起司櫃裡的起司多半仍是我根本不熟悉的，買來買去，很少挑戰自己、跨出「舒適圈」，選項屈指可數。我經常買的硬質起司，如帕瑪森起司、帕達諾起司等，其經過熟成產生的鹹、甜、結晶感的鮮與豐富的油脂，無論是與肉品或蔬菜都很速配；至於仍保有新鮮乳品風味的軟質起司，如布利起司、卡門貝爾（Camembert）起司、水牛起司等，都很適合擔綱開胃菜裡的要角。

有趣的是，即便同一種起司也會有多種選擇。像是光是一個布利起司就至少有三至四種不同風味可挑，較為清淡奶香的、帶有濃厚菌菇味的……，最直接的選擇依據則是：試吃看看，從中找到自己做菜時想要的風味。

偶爾，被認為臭氣沖天的藍紋起司也會是我的選項，像是義大利的拱佐諾拉（Gorgonzola）起司。藍紋起司擁有很具深度的鹹味，有些還會有水果芳香呢。如果藍紋起司會說話，我猜第一句話大概是馬上替自己平反：「其實我很平易近人。」比起不少洗浸起司（在製作的發酵階段時，需要不斷以鹽水或各式酒調成的洗浸液，以手工加以擦洗或浸泡），藍紋起司可真的一點也不臭。而且，把藍紋起司拿來入菜，只要搭配得宜，反而是無敵美味。

經常出現在我家餐桌的義式櫛瓜卷，就是藍紋起司最佳的推廣大使。這並非傳統的義大利菜，而是把義大利的食材元素組合起來：櫛瓜、拱佐諾拉起司、油漬番茄乾、羅勒、蒜頭和橄欖油；也是北義食材（拱佐諾拉起司）與南義食材（油漬番茄乾），聯手出擊的天作之合。

櫛瓜切薄片以鹽略醃後，刷上蒜片橄欖油，送入烤箱，接著把拱佐諾拉起司、油漬番茄乾、羅勒捲進櫛瓜薄片裡，成為一道冷開胃菜。這裡頭有櫛瓜自然的清甜，也包含了油漬番茄的酸甜、藍紋起司的鹹甜，還有羅勒迷人的香氣，是層次豐富、味道平衡的一道菜。

烤藍紋起司酪梨

烤過的酪梨略失水分，滑潤的口感依舊，搭配蛋與藍紋起司，創造出味道與口感的和諧。此道菜適合當開胃菜，拿來當成早餐也相當豪華。

| 分量 | 2人 |

食材

酪梨 ⋯⋯⋯⋯ 1小顆
雞蛋 ⋯⋯⋯⋯ 2顆
藍紋起司 ⋯⋯ 20克

調味料

鹽 ⋯⋯⋯⋯ 少許
黑胡椒 ⋯⋯⋯ 少許

做法

❶ 烤箱預熱200度。

❷ 酪梨剖半，取果核，在凹洞處打一顆蛋，放上切成小塊的藍紋起司。

❸ 步驟❷進烤箱烤20分鐘後，撒上黑胡椒。

| Tips：雞蛋選小顆一點的，較能符合剖半酪梨的凹洞處。

烤布利起司與蘑菇

熟成的布利起司本身就帶著一股森林和土地的氣息，和蘑菇的味道很相襯。經過烤的過程，起司微微融化，任誰看了都會想忍不住先偷挖一口。

分量	4人

食材

布利起司 ————— 1塊
蘑菇 ————— 12顆

調味料

鹽 ————— 少許
黑胡椒 ————— 少許
特級初榨橄欖油 — 少許

做法

❶ 將蘑菇拍去泥土與雜質，1顆切成四等份。

❷ 起油鍋，炒步驟❶，加鹽和黑胡椒。

❸ 預熱烤箱180度。

❹ 布利起司撕去外膜，將步驟❷鋪於其上，進烤箱烤10分鐘。

紅心芭樂藍紋起司
半熟蛋沙拉

紅心芭樂有股難以言喻的香氣，且相當奔放，意外地，竟與藍紋起司相當搭配。這道菜可稱為軟腴口感大集合，紅心芭樂、藍紋起司，還有半熟蛋，都是軟滑之物，彼此都有個性卻能互相幫襯。

分量	2人

食材

紅心芭樂⋯⋯⋯⋯⋯⋯ 2顆
綜合生菜菜⋯⋯⋯⋯ 1大盒
半熟蛋⋯⋯⋯⋯⋯⋯⋯ 2顆
拱佐諾拉起司⋯⋯ 30克

調味料

黑胡椒⋯⋯⋯⋯⋯⋯⋯ 少許
特級初榨橄欖油⋯ 適量

做法

❶ 綜合生菜洗淨，泡冰水10分鐘後，瀝乾備用。

❷ 紅心芭樂每顆切八等份，半熟蛋切對半，拱佐諾拉起司切成花生大小。

❸ 盤子上鋪上生菜葉，隨意擺上紅心芭樂、半熟蛋及拱佐諾拉起司。

❸ 撒上黑胡椒，淋上特級初榨橄欖油。

Tips：好吃的半熟蛋做法請參考第196頁，省去浸泡醃汁步驟即是。

干邑卡門貝爾起司
搭蘋果

比起多數得斤斤計較的甜點製作過程，這道以起司
做成的飯後甜點，簡單隨性又不乏美感與話題，重
點是，真正好吃。

分量	4人

食材

卡門貝爾起司……1塊

干邑……………2大匙

蘋果……………1/2顆

蜂蜜……………3大匙

核桃……………5顆

做法

❶ 預熱烤箱200度。

❷ 卡門貝爾起司撕去外膜，表面戳幾個洞，將干
邑倒入。置於烤盤，送進烤箱烤10分鐘。

❸ 在步驟❷淋上蜂蜜，撒上核桃碎，搭配切塊的
蘋果一起享用。

義式櫛瓜卷

喜歡這道冷開胃菜來自蔬菜的清香甘甜，在義大利拱佐諾拉起司鹹味與結晶感的搭配下，油漬番茄的酸甜與羅勒的香都更有層次。視覺系的我經常還會挑綠色與黃色兩種櫛瓜來製作，端上桌先一飽眼福。

分量	8人

食材

櫛瓜	2條
大蒜	2瓣
羅勒葉	24片
油漬番茄乾	16顆
拱佐諾拉起司	50克

調味料

特級初榨橄欖油	2大匙

做法

❶ 烤箱預熱180度。

❷ 大蒜切片，放入橄欖油之中。

❸ 櫛瓜切成長條約0.5公分薄片，以刷子沾步驟❷，在櫛瓜兩面刷一層。

❹ 步驟❸放入烤盤，進烤箱烤8分鐘。

❺ 將起司分成1公分大小。

❻ 櫛瓜攤平，在最邊放上油漬番茄乾、拱佐諾拉起司、羅勒葉，間隔一段後，繼續依序擺上，然後捲起來。

❼ 擺盤完成後，可在每個櫛瓜卷上頭放上一片羅勒葉，並淋上特級初榨橄欖油（分量外）。

Tips：櫛瓜可選長一點、大條一點的，比較方便捲起來。

拌在一起

有時只需把生菜洗淨擺在盤內，有時頂多先把部分食材氽燙過冷水，就能成就一盤豐盛的沙拉。
剩下的，就是把所有食材拌在一起，大快朵頤一番。

日本北海道向來以優質的蔬果著稱。有一年，我為了米其林二星餐廳 Michel Bras Toya 的一頓晚餐飛到北海道。理由很簡單，想休假的心情之外，世界聞名的大廚 Michel Bras 親自飛到北海道洞爺湖的溫莎飯店，與他的大廚兒子 Sébastien Bras、餐廳大廚展開數日的聯手餐會，機會難得。

那是冷冽寒風刺骨的十一月末，不到四點，北海道已經一片漆黑，有點浪費餐廳對著洞爺湖的整面落地玻璃。但少了美景相襯，眼前鋪著潔白無暇桌巾的餐桌上，一道道美食並未因此相形失色。

特別是由 Michel Bras 原創的田園溫沙拉端上桌的時刻。這道菜美得像幅畫，差點不知從何下手。現今很多餐廳都會出現與這盤沙拉相似的版本，但真正的風潮卻是由 Michel Bras 所引領，他早在三十年前就創造出這道菜。

未動口之前，已經先「大飽眼福」。上頭不但有時蔬，也有許多食用花卉，疏密有致，用五顏六色來形容根本不夠。這樣一盤以北海道地產時蔬製作的沙拉，看似簡單實則暗藏玄機，單就食材種類就很驚人，最多的時候，盤上會有近八十種食材，且隨著季節更迭。別以為稱之溫沙拉，就只是把不同時蔬煮熟擺進盤中，實際上每種時蔬都需要分別清潔、分切、汆燙等，同時得有多人合力且耗費多時方能完成。已調味的不同時蔬，每種都有自身獨特的滋味，再加上抹在盤子的醬料，變化出有如多重奏般的美好。

隔日，我在餐廳所在的飯店閒晃，進到 Michel Bras 的選物店。醬料、調味料、廚房工具展示在眼前，我帶走一瓶黑橄欖末，讓我回台後繼續享受台灣時蔬的魅力。過去，在家吃沙拉，為力求簡單原味，多半只撒鹽、添黑胡椒、淋上以油三醋一製作的油醋醬。

在黑橄欖末加入廚房行列後，減少了油醋醬的製作，僅以鹽、黑胡椒、橄欖油和黑橄欖末調味就很足夠。相較於市面上溼潤的橄欖醬，橄欖末乃是由切細末的橄欖製作來的，只不過含水量相當低。有時撒到沙拉上頭，還真像沾到了沙子呢。

小小一罐的美味黑橄欖末沒有多久便一點也不剩。超市沒有相關產品，一趟飛北海道成本太高，只好上網搜尋 Michel Bras 食譜。皇天不負苦心人，終於找到蛛絲馬跡：把橄欖切碎，經過烤箱八十度低溫烘烤，再經過一夜或更長時間的乾燥。

沙拉是我的日常餐桌上的常客，一如 Michel Bras 的田園溫沙拉帶來蔬菜不經過多烹調的本質，總是令人心生嚮往。準備起來相當便利，也是另個誘因；有時只需把生菜洗淨擺在盤內，有時頂多先把部分食材氽燙過冷水，就能成就一盤豐盛的沙拉。剩下的，就是把所有食材拌在一起，大快朵頤一番。

若說稍有難度之處，大概就在端出令人驚喜的食材組合吧。朋友們聽聞端上桌的是香菜毛豆水牛起司沙拉，總是先報以熱烈的好奇與討論，接著，好吃的回饋便會此起彼落。東方的毛豆、香菜遇上西方的新鮮水牛起司，想不到是如此的合拍。秋日時節，我則會將水牛起司與柚子送作堆，輔以日式的山椒粉提味，也是很受歡迎的不敗組合。

不光是蔬菜、起司，火腿和水果也是沙拉中的常態班底。帶點微甜的水果如水蜜桃、無花果、哈密瓜、柿子等，都能與火腿上演雙重奏。唯一令人拍案叫絕的，莫過於火腿與青蘋果了，沒想到以酸味為主的青蘋果竟能襯托出火腿的鹹香，並且毫無違和感。

香菜毛豆
水牛起司沙拉

當東方的香菜、毛豆與西方水牛起司相遇,會激起什麼樣的火花?這種異想天開的組合,竟格外的速配。這道大量使用香菜的沙拉,也讓香菜一脫配角宿命有了新舞台。

分量 2-4人

食材

香菜	2小把
毛豆	200克
水牛起司	125克

調味料

鹽	少許
黑胡椒	少許
特級初榨橄欖油	適量

做法

❶ 毛豆以滾水汆燙後,撈出過冰水,瀝乾備用。

❷ 香菜洗淨後,切成小段。

❸ 盤內放入毛豆、香菜及掰成小塊的水牛起司。

❹ 淋上特級初榨橄欖油,撒上鹽與黑胡椒。

柚子水牛起司沙拉

甜、酸、略苦、飽水的柚子本身就有豐富的滋味，除了當水果直接吃之外，拿來與水牛起司和帶著檸檬香氣的山椒粉搭配，也很清新宜人。

分量	4人

食材

柚子	1/2顆
水牛起司	125克
沙拉葉	50克

調味料

鹽	少許
山椒粉或七味粉	少許
特級初榨橄欖油	適量

做法

❶ 柚子取出果肉，沙拉葉泡冰水後瀝乾，備用。

❷ 盤內鋪上沙拉葉、柚子果肉及掰成小塊的水牛起司。

❸ 淋上特級初榨橄欖油，撒上鹽與山椒粉。

玉米鷹嘴豆沙拉（第218頁）

番茄Carpaccio（第219頁）

玉米鷹嘴豆
沙拉

和一般清爽路線的沙拉大不同，玉米鷹嘴豆帶著中東風情，濃郁的香料氣息，嗅覺和味覺彷彿瞬間通往了遙遠的中東。

分量 2人

食材

洋蔥	1/4顆
鷹嘴豆罐頭	1/2罐
玉米罐頭	1/2罐

調味料

月桂葉	4片
乾辣椒	1條
丁香粉	少許
小荳蔻	少許
紅椒粉	少許

醬汁

白酒醋	2大匙
大蒜	1/2瓣
鹽	少許
黑胡椒	少許
特級初榨橄欖油	2大匙

做法

❶ 洋蔥切成細末，與〔醬汁〕食材混合均勻。

❷ 鷹嘴豆和玉米罐頭濾乾水分後，以滾水汆燙，瀝乾。

❸ 將步驟❶、步驟❷及所有〔調味料〕食材混合均勻，浸漬1小時。

番茄 Carpaccio

Carpaccio 是義大利文中的「生肉」之意,在日本也有不少人把除了肉、海鮮外的生食和 Carpaccio 做連結。這道生番茄切片,搭配著蔬菜為基底的醬汁,又有酸豆的提味,味道相當豐富。

分量 | 4人

食材

牛番茄	2顆
酸豆	10顆
帕瑪森起司	少許

醬汁

紅蘿蔔	20克
洋蔥	20克
大蒜	1瓣
薑	7克
淡色醬油	15cc
白酒醋	25cc
芝麻油或沙拉油	75cc

做法

❶〔醬汁〕食材放入食物處理機或果汁機,打成泥。

❷ 鹽漬酸豆泡水(若非鹽漬則不用)。

❸ 番茄切成薄片,擺入盤中。淋上步驟❶。撒上酸豆,及刨上帕瑪森起司。

火腿青蘋果

火腿與微酸的青蘋果能搭配？還要擠上檸檬汁？未食用前真的很難想像，但吃過的人都讚賞這樣的組合。準備起來簡單，爽口、開胃，是派對的理想菜色。

分量	4-6人

食材

青蘋果 ———— 1顆

火腿 ———— 50克

調味料

薄荷 ———— 少許

檸檬 ———— 1/2顆

做法

❶ 青蘋果去皮，切成薄片，和火腿擺盤。

❷ 撒上薄荷，擠檸檬汁。

我的頭號小助手

擁有上下火、可調整溫度的小烤箱跟著我身經百戰，

和我一起端出一道道療癒食物。

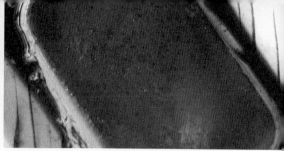

如果說廚房裡要添購一項物超所值的設備，我的答案百分之一千會投給：烤箱。

每個來我家作客的朋友經常嘗到烤箱端出菜色與聽聞其好處後，跑到廚房看一眼我的烤箱，便深信原來做菜也可以這麼簡單，只因為這一台小烤箱。沒錯，總是被我稱為「頭號小助手」的烤箱，並不是一台幾萬塊的高級烤箱，僅僅是兩、三千元就可入手，大小略比微波爐小的小烤箱。

麻雀雖小，五臟俱全。擁有上下火、可調整溫度的小烤箱，跟著我身經百戰，一路從免揉麵包、佛卡夏、戚風蛋糕、烤雞、烤魚⋯⋯等看起來頗有難度的任務都順利達陣，更實際的，舉凡烤蔬菜、烘蛋、烤雞腿排那些餐桌上的日常菜餚，還有每日清晨從冷凍拿出、噴了水的法國麵包，小烤箱可名符其實發揮其幫手的角色，讓我省下不少時間與力氣。

猶記仍在雜誌社工作時的我就很依賴這台小烤箱，經常回到家已經八、九點，這時間外頭並沒有太多食物和店家選擇，只好親自下廚。那陣子深受日本料理研究家長尾智子的影響，認為即便再忙再累，也應該用一餐美味佳餚好好地慰勞自己的身體。

雖說如此，還是得面臨很現實的問題：時間和精力真的有限。於是，機關用盡地想省時省力。小烤箱不用「隨侍在側」的便利性，讓我著實方便不少。一份烤蔬菜，把洗過分切好的蔬菜放進烤盤，拌上橄欖油，撒上黑胡椒與鹽，就可以丟進烤箱；接著，就是多出來的自我時間，利用短短的十、二十分鐘洗澡或整理環境。倏忽之間，一份簡單的美味佳餚已大功告成。不光是身體被慰勞，心靈也很滿足。

小烤箱在宴客時也是得力助手。算準時間把混合均勻、調過味的食材放進烤箱，就可以同步忙其他的事，或坐

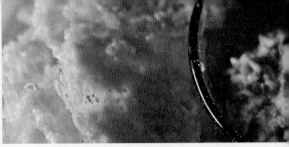

下來與大家一起聊天吃飯。時間一到，噹的一聲還會提醒可以上菜了。西班牙風油漬鮮蝦、油漬蘑菇，是我宴客餐桌經常出現的烤箱菜餚。名字聽起來華麗，做法卻不可思議地簡單，美味的程度也是不可思議地過癮。只需把剁碎的新鮮巴西里、蒜片和鮮蝦擺入烤盤，注入大量的特級初榨橄欖油，再以鹽或鹽麴調味，接著就是小助手上場的時間。

烤箱不似直火猛烈，可以很均勻地把食材烤熟，甚至讓食材稍稍脫水，風味更顯濃郁。除了直接讓食材在烤箱從全生到熟之外，還有另一種烹調方式，先把食材煎上色或炒過，再置入烤箱烤熟。如此一來，有鍋子大火的鑊氣與高溫炙過的痕跡，又能確保食材完熟時表面不會過焦。

若你試過先煎後烤的雞腿排，當刀子劃過那金黃表皮時發出的清脆聲音，多餘的油脂已被逼出，還有雞皮內柔軟多汁的肉質，便也會深深地愛上這位廚房最佳助手的。

唯一的麻煩事，大概就是得添購可耐高溫的烤盤、琺瑯盤或鐵製平底鍋了。什麼！你到現在才發現這其實是篇徹徹底底勸敗文章？說實話，我可沒收代言費，不過很真心地期待已經伴我數年的烤箱，可以繼續和我一起端出一道道療癒食物。如果你的時間也總是不夠用，那一起召喚這位小助手吧！

煎烤雞腿排（第226頁）

巴薩米克醋烤豬肋排（第227頁）

煎烤雞腿排

去骨雞腿排是我冷凍庫裡的常備食材，解凍後可烹調的方式很多元。最簡單的煎烤雞腿排僅以鹽和黑胡椒調味，兩種烹調過程讓雞腿排皮脆肉嫩，根本就是深夜食堂的療癒菜色。我也經常在煎完雞腿排後，同時利用雞油與剩餘空間加入時蔬，再將鐵鍋放入烤箱。簡單又均衡的一餐就完成了。

分量	1人

食材

去骨雞腿排 ⋯⋯⋯⋯ 1塊
麵粉 ⋯⋯⋯⋯⋯⋯⋯ 少許

調味料

迷迭香 ⋯⋯⋯⋯⋯⋯ 少許
黑胡椒 ⋯⋯⋯⋯⋯⋯ 少許
特級初榨橄欖油 ⋯ 適量
鹽 ⋯⋯⋯⋯⋯⋯⋯⋯ 少許

做法

Tips：使用鐵鍋時，請加熱至冒煙再放油。雞腿排帶皮面朝下可讓雞皮有薄脆之效果。

❶ 去骨雞腿排兩面撒上鹽與黑胡椒。

❷ 將雞腿排帶皮那麵沾上些許麵粉，下油鍋煎至金黃色，換另一面稍微煎熟。

❸ 雞腿排帶皮面朝下，加入迷迭香，放入預熱200度的烤箱，烤15分鐘。

❹ 上桌前可再撒上黑胡椒與新鮮迷迭香。

巴薩米克醋
烤豬肋排

酸酸甜甜的巴薩米克醋總是討喜，這款以巴薩米克醋和柑橘醬先醃後烤的豬肋排，很有BBQ的滋味。不用顧形象，直接拿起來啃才是最過癮的吃法。

| 分量 | 3-4人 |

食材

豬里肌肋排	10 條
黃椒	1/4 顆
紅椒	1/4 顆
花椰菜	100克
玉米	1/2 支

醃料

柑橘醬	4大匙
巴薩米克醋	4大匙
醬油	4大匙
大蒜	1/2瓣
薑泥	1塊，磨成泥

調味料

芝麻油	少許
黑胡椒	少許
鹽	少許

做法

❶ 豬里肌肋排抹鹽，待20分後將釋出的水分倒掉，擦乾豬里肌肋排。將〔醃料〕與豬里肌肋排一同放進保鮮袋裡混合均勻，置於冰箱一晚。

❷ 將紅黃椒、花椰菜、玉米等蔬菜切成入口大小，和芝麻油混合均勻，撒上黑胡椒，放入烤盤。再將醃過的豬里肌肋排連同醬汁放入烤盤。

❸ 烤箱預熱，200度烤25至30分鐘。

烤時蔬

冬季冷冷的天氣時最愛這道烤時蔬了，不光是熱騰騰食物的誘惑，冬季根莖類蔬菜甜美的滋味讓人迷戀。烤時蔬並無特定的食材組合，想吃什麼就丟什麼。吃的時候很能感受到時蔬本身的質感。

分量	4人

做法

食材

櫛瓜	1 條
彩椒	1 顆
小番茄	10 顆
黃帝豆	10 顆
櫻桃蘿蔔	4 顆
巴西里	少許

調味料

鹽	1 小匙
黑胡椒	少許

❶ 櫛瓜、櫻桃蘿蔔、彩椒切長條，小番茄切半，皇帝豆去膜。

❷ 將步驟❶食材加鹽與黑胡椒，淋上橄欖油並攪拌。

❸ 放入已預熱180度烤箱，烤15分鐘。

❹ 上桌前，撒上巴西里（可省略）。

Tips：為了讓時蔬的每個面都沾附油脂（否則會烤得過乾），以手攪拌是最佳的方式。

西班牙風
油漬鮮蝦

當西班牙風油漬鮮蝦還在烤箱時，廚房早已彌漫著蒜與巴西里的香氣，害得饑腸轆轆的人呼吸都得小心翼翼，深怕多吸一點空氣就多一份挨餓感。這道開胃小點和法式麵包是好朋友。

分量	4人

食材

去殼鮮蝦	200克
大蒜	2瓣
小番茄	10顆

調味料

巴西里	1小把
乾辣椒	1根
鹽麴	1大匙
特級初榨橄欖油	蓋過食材表面

做法

1. 大蒜切薄片，巴西里切末。
2. 將步驟 ❶ 的食材與乾辣椒、去殼鮮蝦、鹽麴放入烤盅，注入特級初榨橄欖油。
3. 放入已預熱200度的烤箱，烤15分鐘。

Tips：橄欖油用量很多？別怕，吃完鮮蝦後，別急著把醬汁丟掉。隔餐煮上義大利麵，拌上蒜香巴西里橄欖油又是一餐。

西班牙風
油漬蘑菇

和西班牙風油漬鮮蝦系出同門，蘑菇浸漬在橄欖油裡，不但飽水又吸飽油脂，相當滑嫩。而以鹽麴取代食鹽，則更添風味。若為純素食者，可省略大蒜。

| 分量 | 4人 |

食材

蘑菇	1盒
大蒜	2瓣
巴西里	1小把

調味料

鹽麴	1大匙
特級初榨橄欖油	蓋過食材表面

做法

❶ 大蒜切薄片，巴西里切末，以紙巾擦蘑菇表面泥土，切對半備用。

❷ 將步驟 ❶ 的食材與鹽麴放入烤盅，並注入特級初榨橄欖油。

❸ 放入已預熱200度的烤箱，烤15分鐘。

烤香草布丁

無論是小孩還是大人很少人不愛布丁吧？不過自從知道外頭布丁添加了許多不必要成分之後，在家烤布丁成了習慣。一般來說，烤箱會讓食材略失水分。這次烤布丁的方法將布丁放置於熱水中再放進烤箱，等於是蒸烤法。略為紮實的口感，有著鮮明的雞蛋香。

分量	約6人

食材

雞蛋	2顆
蛋黃	2顆
二砂糖	60克
牛奶	400cc
香草莢	1/2條

焦糖漿

二砂糖	50克
水	1大匙
熱水	2大匙

做法

[焦糖漿]

❶ 二砂糖與水放入鍋內加熱（先勿搖晃鍋子或攪拌），待開始焦化後才開始搖晃鍋子。

❷ 等糖漿呈現咖啡色後熄火，加入熱水（小心會噴濺）。搖晃鍋子以混合均勻。

❸ 開小火繼續讓兩者混合均勻。

❹ 趁熱倒入布丁杯（或琺瑯器皿）中，置於冰箱30分鐘備用。

[烤布丁]

❶ 雞蛋、蛋黃、二砂糖以攪拌器混合均勻。

❷ 牛奶與剖開的香草莢放入鍋中加熱至微微冒泡。

❸ 將步驟❷的牛奶少量多次加入步驟❶之食材，混合均勻。

❹ 過濾倒入布丁杯中。

❺ 將抹布放入烤盤，倒入沸騰熱水，再放上布丁杯。

❻ 將步驟❺放入預熱160度之烤箱，烤25分鐘（竹籤插入後若沒沾黏則代表完成）。

❼ 移至室溫冷卻後，放入冰箱冷藏。

烤起司脆片佐
酪梨羅勒起司醬

一次,在義大利採訪義大利乾酪Ambrosi生產的帕達諾起司和食材超市Fico,嘗到了以帕達諾起司和切達(Cheddar)做成的起司脆片(因起司不同風味略為有異),當下覺得相見恨晚。得知這道開胃前菜做法極微簡單,內心欣喜地告訴自己,永遠不嫌晚。起司脆片可以單吃,略為濃縮的鹹味更適合下酒,我則建議可以搭配清新的酪梨羅勒起司醬一塊兒食用。

分量	4-6人

起司脆片

帕達諾起司

或切達起司 ⸻120克

酪梨羅勒起司醬

參考第160頁食材與做法

做法

❶ 將起司刨成細絲。

❷ 烤盤上鋪上烘焙紙,在上頭鋪上步驟❶的起司,成一塊塊圓形。

❸ 放入已預熱180度的烤箱,烤10分鐘。

Tips:起司風味鮮明且已具鹹味,無須加鹽及香料。因起司會融化,烘焙紙上的起司之間要多留些空間。

樸實的義大利菜

帶有家庭料理本質的義大利料理，像是一位無話不聊的朋友，

很具療癒感，可感受到好食材與烹調的真誠。

在蜿蜒山路開著車，我們尋著自動導航來到了北義慢食運動發源地Bra附近的小城鎮。路上顯得清幽，幾乎少見人影。我們的目的是一家義大利慢食組織認證的餐廳Osteria Dell' Unione。遠遠地便看見了被一片綠意包圍的招牌和後方的紅瓦斜屋頂建築，但直到快到門口，才看到小小的戶外區就擺著數張餐桌，已經有兩組顧客就在陽光沐浴下，慵懶地享受一頓午餐。

比起室內，五月的陽光和微風更吸引人，我們一行人也在交織著藍天、綠意與豔陽的戶外坐下。

Osteria Dell' Unione是在訪問完被《紐約時報》譽為全球十大麵粉的Mulino Marino後的下一站。Mulino Marino不但使用義大利有機小麥，還以石磨低速碾出麵粉，以豐富的香氣著稱。由於太想感受以他們麵粉製作出的手工雞蛋義大利麵的滋味，訪問結束前，我們請Mulino Marino的負責人推薦使用他們麵粉製作菜餚的餐廳而來到此地。

幾道手工雞蛋義大利麵樸實無華，像是其中一道，盤子內除了金黃的義大利麵之外，僅拌著些許的肉醬，分量可能連麵的十分之一都不到；另一道義大利麵則僅以奶油和鼠尾草拌炒。看得出店家想表達的，正是麵粉所帶出的風味。咀嚼之間，帶點脆度的現作手工麵的確展出麥香，又和乾燥義大利麵有著截然不同的口感。吃過沒有鮮蝦、沒有淡菜、更無豐富配料的義大利麵後，更能明白義大利料理樸實又帶著真誠的本質。

這正是義大利料理迷人之處，幾乎每道菜都不是廚師創造出來的，而是義大利各地因著氣候、物產、歷史文化而產生的，且流傳已久。可複雜可簡單，但本質上卻都是帶著滿滿下廚人心意的樸實家庭料理。有時候，我閱讀著義大利菜食譜，不禁也訝異，某道菜就是把兩樣蔬菜炒一炒，竟然這麼簡單。

或許因為家庭料理的本質，優質的義大利料理總像是一位可以無話不聊的親近朋友，很具療癒感，可從中感受到好食材的魅力與認認真真烹調的真誠。我的一位朋友在台北經營義大利餐廳Trattoria di Primo，她告訴我，即便占比不到百分之一的食材也很重要。為此，他們從義大利找到人工摘取、

海鹽醃漬的西西里島酸豆，和市面上僅用鹽水醃漬的酸豆，香氣與尾韻更為悠長。

的確，當烹調與步驟愈少愈簡單時，食材優劣與否也就變得極為關鍵。我喜歡做的義式烘蛋，可厚可薄，冷熱皆宜，但多半時候我選擇製作有點厚度的義式烘蛋，並冒著被可直火加熱土盤燙到的風險，將之熱騰騰整盤端上桌。義式烘蛋還在烤箱時，香氣就已四處飄散，正式上菜時更是犯規。來源正是加進蛋汁裡、經過時間熟成的帕瑪森起司，買回家後新鮮現磨，其氣味與質地絕非使用市面上的帕瑪森起司粉可比擬的。

做法較為繁複的酸豆鮪魚鑲蛋，則先要把水煮蛋切半取出蛋黃，再製作醬料：將蛋黃與鮪魚罐頭、切碎的酸豆、美乃滋等混合均勻。最後，把醬料再填回蛋白的凹洞處。有了優質酸豆和蛋黃的提味，不管是油漬鮪魚還是水煮鮪魚，立即成了有深度的滋味。

義式烘蛋

第一次做這道菜、端上桌時,濃濃的起司香氣四溢,吃一口,很直覺地讚美:「好好吃喔。」半煎半烤的烘蛋,底部略焦,裡頭軟嫩,是冷吃熱吃都適合的菜。

分量	4-8人

食材

雞蛋	6顆
甜椒	1顆
櫛瓜	1條
洋蔥	1顆
帕瑪森起司	50克

調味料

乾燥羅勒	1大匙
鹽	1大匙
特級初榨橄欖油	4大匙

做法

❶ 烤箱預熱180度。

❷ 雞蛋蛋液、刨成絲的帕瑪森起司、乾燥羅勒、鹽在料理盆中打勻。

❸ 起油鍋,將洋蔥炒軟,下切了薄片的甜椒與櫛瓜,炒到半生熟。

❹ 步驟❷中,加入步驟❸,讓蛋液均勻在鍋中。底部略為凝固後,送入烤箱烤10分鐘。

❺ 牙籤刺進烘蛋拔起後沒有沾黏蛋液,即為熟了。若還沒可再延長烘烤時間。

火腿蘆筍卷

把能夠生吃的火腿送進烤箱烤，逼出香噴噴的油脂讓甘甜的蘆筍慢慢地吸收，加上起司有著淡淡的甜味與堅果香氣，讓這做法簡單、看起來樸素的菜有著迷人的香氣。

分量	6人

食材

粗蘆筍	18根
義式火腿	6片
芳提娜起司 (Fontina)	225克

調味料

特級初榨橄欖油—少許

做法

❶ 烤箱預熱200度。

❷ 蘆筍刨去底部的老皮，長度切成一半。

❸ 芳提娜起司切成薄片12片。

❹ 義式火腿攤平，切半的蘆筍6根置中，再放上切片的起司，以火腿包起來。上頭再擺上一片起司。

❺ 將6份火腿蘆筍卷擺進烤盤，淋上特級初榨橄欖油，送入烤箱烤20分鐘。

Tips：可請起司賣家直接把起司切成0.2公分薄片。

鑲嵌鮪魚酸豆蛋

優質的鹽漬酸豆（而非泡鹽水）絕對是讓這道菜能活靈活現的關鍵。雖然烹調步驟較多，但鑲嵌鮪魚酸豆蛋材料簡單，好吃又好看，是宴會時很受大家歡迎的開胃小點。

分量	6人

食材

雞蛋	3顆
油漬鮪魚罐頭	1/2罐
鹽漬酸豆	20顆

調味料

鹽	少許
黑胡椒	少許
美乃滋	1小匙

做法

❶ 酸豆泡水30分鐘，洗去多餘的鹽和鹹味（若是鹽水漬酸豆則可不用）。瀝乾，保留6顆備用，其餘的切碎。

❷ 從冰箱拿出的雞蛋放於室溫至少1小時，冷水煮雞蛋至全熟。

❸ 雞蛋泡冰水，去殼。

❹ 雞蛋切成一半，並取下蛋黃。

❺ 鮪魚罐頭瀝去油脂，和切碎酸豆、蛋黃、美乃滋、鹽、黑胡椒一起放進食物處理機，打碎攪拌均勻。

❻ 將步驟❺的鮪魚醬以湯匙填進蛋白之中。最後上頭裝飾上一顆酸豆，及撒上黑胡椒。

Tips：為了讓雞蛋蛋黃可在正中間，煮蛋過程要不時地攪動雞蛋。

Chapter 6-3

炸物的藝術

在家炸物，麵衣、油品和油溫火候皆不得馬虎，
但無論何種炸法，趁熱快吃絕對是不二法門。

在家烹飪，油炸是我很少運用到的技巧。除了一次使用大量的油之外，處理廢油也是麻煩事，更別說炸物很講究「吃的溫度」，往往得現炸現吃，稍微蹉跎，麵衣軟了也就失去吃炸物表皮酥脆的樂趣。

然而，也必須承認，炸物的魅力實在無法擋，特別是香氣。幾次宴客時，在廚房炸起東西，遠在餐桌上的賓客們就已經大喊受不了這香氣。所以，一年之中也會有幾次興起吃個炸物的念頭，從使用的油到火候都處處講究。

說到了炸物，日本絕對是炸功了得的國家。光一個炸的烹飪手法就可以發展出諸多的專門，像是天麩羅、炸豬排、可樂餅等。每個領域當中，技術含量多如牛毛。向來給人高級料理感的天麩羅，僅僅把食材裹上麵衣下鍋油炸，卻早已是一門料理的藝術。從油品、麵粉的選擇、麵衣的調製，到火候的掌握等都是關鍵。食材也五花八門，從魚肉、時蔬，到裹著海苔的海膽、蝦頭等都有人拿來呈現。真正高水準的天麩羅，嘗起來麵衣似有若無的薄脆，嚴選的食材本身熟度恰到好處，一點也沒有印象中油炸的油膩感。

被譽為「天麩羅之神」的早乙女哲哉就曾表示，天麩羅雖然是炸的手法，實際上卻同時進行蒸與烤的烹調。高油溫之下，當食材和麵衣都還有水分時，就像是蒸的功用；而隨著時間食材的水分漸失，則有烤的效果，顯見油炸的複雜度。

另一種日本國民美食可樂餅常出現在街頭巷尾，甚至是一般家庭的餐桌上也常見其蹤跡，我從沒想過竟然也能以此為題開一家餐廳。京都市中心就有家人氣很高的可樂餅專賣店，一進門就能見到冰櫃裡擺著一盤盤預先做好尚未油炸的可樂餅。這裡提供數種口味的可樂餅，種類不多卻能見到巧思，像是包了藍紋起司的可樂餅、放了奈良漬的可樂餅等。每次到這一家店用餐，商業午餐只能選兩個可樂餅，可是實在太好吃了，我都忍不住又再追加一至兩個來解饞。

可樂餅看起來沒什麼殺傷力，不過真正好吃的可樂餅是會讓人停不下來的。馬鈴薯使用的是不是鬆軟的品種關乎口感和香氣，更精準地來說，馬鈴薯可分為粉質與蠟質兩種，而粉質馬鈴薯在加熱過程會因澱粉含量高、含水

量低，而成為綿密的質地，所以格外
適合拿來製作可樂餅，台灣常見的大
葉克尼伯正是此品種。通常，為了讓
馬鈴薯泥保有水分，會利用蒸或水煮
來烹調，而將煮熟的馬鈴薯壓成泥的
過程，若能夠把質地處理得愈細緻，
品嘗時口感也就會愈滑潤。

在家油炸或許偶一為之，但仍期待能炸
出色香味俱全的誘人食物。麵衣、油品
和油溫火候，皆不得馬虎。麵衣有幾種
選擇，除先醃食材後裹上麵粉下鍋油炸
外，也有直接沾上粉漿的做法。另一種
裹麵粉、沾蛋汁再裹上麵包粉的做法，
則是西式的炸法，能創造表皮酥脆口
感，一口咬下卡茲卡茲的。

使用的油品也是風味來源，通常我會
混合多種油脂，以芥花油或菜籽油為
基底，再加入清香的特級初榨橄欖油，
及香氣濃郁的白芝麻油。油溫與火候
方面，大約以一六〇至一八〇度之間
為基準，視食材易熟與否而有不同。
有的力求表皮酥脆的食物，則要前後
炸個兩次，第一次把食物炸熟撈起後，
再提高油溫至一八〇度，下鍋迅速油
炸。但無論何種炸法炸出的炸物，趁
熱快吃絕對是不二法門。

鮭魚蒔蘿
可樂餅

印象中的可樂餅多半加了炒過的洋蔥和絞肉，不過我個人偏好有蒔蘿香氣的可樂餅。由於製作方式相同，可同時有原味與鮭魚時蘿兩種口味。

分量	4人

食材

馬鈴薯	3大顆
奶油	25克
鮭魚	1小片
洋蔥	1/4顆
麵粉	70克
蛋	1顆
麵包粉	70克
炸油	適量

調味料

時蘿	少許
鹽	少許
特級初榨橄欖油	適量

Tips：將所有材料放涼再油炸，可以避免爆裂開來。

做法

❶ 洋蔥切碎，鮭魚切成小塊。起油鍋，將洋蔥炒至透明後，加入鮭魚一起炒，撒鹽調味。把鮭魚剝成小塊，放涼備用。

❷ 滾水煮馬鈴薯，至筷子可插入馬鈴薯即可。

❸ 瀝乾水分，將馬鈴薯置於調理盆上，去皮壓碎，加入奶油。

❹ 將步驟❶與步驟❸，加上切碎的蒔蘿，三者混合均勻。

❺ 把步驟❹的馬鈴薯泥用手捏成子彈型，依序沾上麵粉、蛋汁、麵包粉，備用。

❻ 油鍋加熱至170度，將步驟❺下鍋油炸至表面金黃後撈起。

炸櫛瓜玉米

這道菜是日式居酒屋必備菜色炸玉米的變化版。第一次吃到炸玉米時，玉米的甜相當鮮明，不難理解為什麼能夠成為每家居酒屋的熱門菜色。加了櫛瓜的炸玉米，不管是顏色或滋味又更上層樓。

分量	4人

食材

櫛瓜	1/2 條
玉米	1 支
麵粉	1 小匙
炸油	適量
芝麻葉	少許

麵糊

麵粉	2 大匙
芝麻油	1 小匙
水	2 大匙

調味料

海鹽	少許

做法

Tips：可搭配芝麻葉一起食用。

❶ 玉米取下玉米粒，櫛瓜切成丁。

❷ 步驟❶放入調理盆，均勻撒上 1 小匙麵粉。

❸ 製作〔麵糊〕，混合麵粉、水與芝麻油。

❹ 開始加熱炸油，至 170 度。

❺ 將步驟❷放入步驟❸當中，以圓湯匙取一小份，放入炸鍋油炸。待食材表面麵衣呈現金黃色，即可撈起。

❻ 呈盤後，撒上海鹽。

紅椒粉炸雞

在家自己做炸雞，不但可以確保雞肉和油的品質，最重要的是，可以趁熱騰騰的時候大口吃肉。這款加了紅椒粉的炸雞，香味又更迷人了。

分量 **2人**

食材

去骨雞腿肉 ———— 1塊
太白粉 ———— 4大匙
炸油 ———— 適量

醃料

雞蛋 ———— 1顆
酒 ———— 2大匙
麵粉 ———— 2大匙
鹽 ———— 1大匙
紅椒粉 ———— 3大匙

做法

❶ 將去骨雞腿肉切去多餘的油脂，並切成一口大小。

❷ 以〔醃料〕將步驟❶醃30分鐘。

❸ 將步驟❷表面裹上太白粉，入170度油鍋炸至金黃撈起。

❹ 提高油溫至180度，步驟❸再次入鍋炸20秒。

❺ 盛盤後，再撒上紅椒粉（分量外）。

耐吃的家常菜

蒸肉餅是道道地地的家常菜，幾乎出現在每個香港家庭的餐桌上，
樣式看來簡單，滋味卻是如此的令人懷念。

一回在廣東菜餐廳廣安樓吃到了不少罕見的菜色：香酥芋泥鴨、瓊山豆腐、蔥油毛肚等，都是展現大廚工夫的手路菜，不但好吃，還很有話題，眾人對該廣東菜館子如何在台開枝散葉、手路菜特殊之處聊得不亦樂乎。不過，席間看起來頗為平凡的鹹蛋蒸肉餅，倒更吸引我的注意。鋪在偌大盤子上的肉餅，名符其實真的薄薄一層，凹凹凸凸的表面有的還有琥珀色的湯汁，有些地方則混有金黃色的塊狀，應該就是鹹蛋了。

這讓我想起家中餐桌自小就有的花瓜蒸肉，自然倍感親切。同是蒸肉，台式的花瓜蒸肉因為多汁多半以大碗公盛之，而港式的蒸肉餅則裝在平盤上頭，是視覺上最大的差異。嘗過之後，對於沒有什麼裝飾又長得很普通的蒸肉餅，更有好感了。肉鮮有嚼勁，滑潤之中又帶點脆口，鹹蛋的香氣則點綴其中，真是好吃極了。雖不像花瓜蒸肉有湯汁可淋在白飯上，卻同樣消耗不少白飯的數量，實在太下飯了。

那天我才知道，這道蒸肉餅的做法其實和其他廣式餐館的略有不同。多數的版本都會在蒸肉餅正中間放顆鹹蛋，不過往往味道的鹹淡也會分布不均，廣

安樓的大廚便把鹹蛋打碎拌在肉餅之中，成功地解決這個問題。後來查了資料才又發現，和花瓜蒸肉一樣，原來蒸肉餅是道道地地的家常菜，幾乎會出現在每個香港家庭的餐桌上。也難怪，樣式看起來簡單，滋味卻是如此的令人懷念與下飯。

但可別以為和家常劃上等號，蒸肉餅就毫無技術可言。認真起來，當中可有不少需要講究之處。簡單省事的，拿豬絞肉來製作蒸肉餅即可；講究起來，可就要從自己剁肉開始。而要買什麼部位的豬肉來剁，又要把肉斬到多細就是當中的學問了。一般來說，蒸肉餅不能拿太瘦的肉來製作，肥瘦以八比二為佳。有的人會買梅花肉，外加較肥的豬頸肉來混合。自己剁肉

當然辛苦費時，且若沒有掌握好粗細，也不一定能做出完美的蒸肉餅。建議可直接選好豬肉的部分，請豬肉攤幫忙做成絞肉。

蒸肉餅要有滑潤口感，除了選對肉之外，還有其他訣竅。加蛋白與太白粉可讓肉餅軟滑，順著同一方向拌肉，甚至可以將絞肉拿起來摔打到產生黏性也是方法之一。蒸肉前，再加點油，則可讓肉餅更為光滑。我注意到，廣安樓的鹹蛋蒸肉餅其實還有另一美味的來源，肉餅裡夾雜著剁碎後的荸薺，帶來爽脆的口感。

對於蒸的掌握也是關鍵。把肉攤平在盤子上的做法實在非常高招，如此一來，肉沒有太厚，自然也不用蒸得太久，肉餅才能有恰到好處的熟度。而且，真正懂得個中道理的人所端出的蒸肉餅，一定是中間略比四周薄，正是因為中間熱度往往較低之故。此外，利用直火創造出的裊裊蒸氣，也比利用電鍋蒸的效果來得好上許多。

據說，以鹹蛋蒸肉餅只是眾多口味當中的一種，蒸肉餅隨著加入的鹹鮮味有異而有著截然不同的味道，像是鹹魚蒸肉餅、魷魚蒸肉餅等。混入蒸肉餅肉餡的，多半是帶有鹹味與鮮味的風乾、醃漬食材，自然創造出極為鮮美的味道。我則獨獨鍾情梅干菜與肉餡的結合，帶著一股發酵味的梅干菜和肉格外的速配，解膩之外，更有著悠長的甘甜滋味。

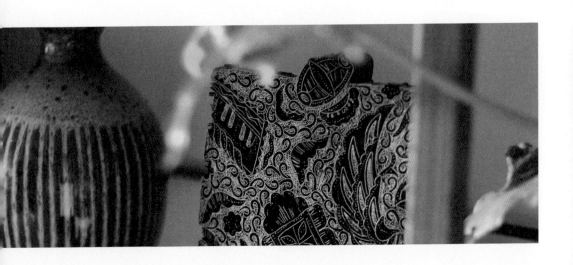

梅干菜蒸肉餅

經過發酵的梅干菜滋味相當豐富，混在豬絞肉之中，相得益彰。切記，蒸肉餅適合大火快蒸，家中的大同電鍋可能不太適合。此為小分量食譜，方便將肉攤平進蒸鍋裡蒸。

分量	2人

食材

梅干菜	40克
豬梅花絞肉	300克
荸薺	3顆
蛋白	1/2顆
太白粉	15克
油	少許
蔥花	少許

調味料

醬油	1大匙

做法

❶ 將梅干菜每片葉子洗淨、擰乾，切碎備用。荸薺切碎。

❷ 將豬梅花絞肉放入調理盆中，加入步驟❶、蛋白、醬油、太白粉，以同一方向繞圓，至起黏性，途中也可摔打。

❸ 步驟❷淋一點油，平鋪至盤子當中，放入已冒煙的蒸鍋蒸6至8分鐘。

Tips：肉餅中間略薄四周較厚，方容易蒸熟。若要配色好看，上桌前可撒上蔥花。

Chapter 6-5

家庭式快炒

熱度，是火炒之必要。

燒得熱騰騰的鍋子，讓食材表面吻上一層淡淡的焦香，裡頭卻又飽含水分，

甩動鍋鏟，做出又香又鮮的快炒菜。

這本食譜來到尾聲，你或許也會有疑問：難道這個人都不炒東西？的確，在宴客時，我不愛待在廚房辛苦地甩鍋現炒，一來會把自己搞得灰頭土臉，二來需要現炒現吃的菜色，火候和品嘗時機很重要，稍有閃神可能就失之千里。

不過，日常生活當中，快炒仍是我廚房經常上演的技法。畢竟，大火一開，油一倒，食材一丟，隨意翻炒幾下後就能上桌，有股速戰速決的暢快。沒寫太多，實在因為這些快炒的菜都太普通了。

想一想，仍有些快炒的菜值得推薦，多半是食材組合帶來的新鮮感。醋嗆嫩薑紅蘿蔔是道帶點和風的菜，這道菜有雙重享受。第一重出奇地並不在餐桌上，也不在炒鍋前，而是真正進入快炒前的備菜過程。由於必須將紅蘿蔔和嫩薑切成細絲，往往得站在廚房一刀刀慢慢地切，先切片再一股腦兒地切細絲。動作很機械有點無聊，但要把細絲切得大小粗細一致，內心卻專注得很，心無雜念，有時候也就忘記時間、忘記了占據腦中的瑣事，可謂頭腦轉不停者的一大福音。

第二重享受，當然是在餐桌上。也許不少人對於紅蘿蔔沒有太好的印象，總覺得它有股奇怪的味道，不過，建議你再給這道菜一次機會，或許會因此改觀。經過火炒的紅蘿蔔絲仍保有脆度，甜味特別突顯，又加上些許嗆辣的嫩薑絲，口味頗為新奇趣味。

我特別喜歡最後鍋內嗆入的白酒醋，酸度低、香氣格外芬芳，著實替這道菜加了不少分數，還有最後拌上的白芝麻，也有畫龍點睛之效。醋嗆嫩薑紅蘿蔔其實也可以是冰箱內的常備菜，冷熱皆宜，配飯或夾在麵包之中都很合宜。

綠竹筍和海瓜子的組合也經常打破眾人眼鏡。一年之中有幾個月能吃到甘甜飽水的綠竹筍，莫過於是人生一大樂事，不過，總不脫冷筍、煮湯幾個選擇，久而久之，便開始動起腦筋，究竟綠竹筍還可以怎麼吃？把綠竹筍搭上海瓜子一起入鍋快炒，算是大膽的媒人，沒想到兩者竟然是天作之合。

擔心綠竹筍和海瓜子需要在鍋內烹煮的時間不同，為避免煮出過於乾癟的海瓜子，我事先將綠竹筍以滾水煮熟、

切滾刀塊，直到炒鍋內的海瓜子已經打開蚌殼後，才加入鍋內一同翻炒。些許的白酒，除了可以去腥之外，也帶來清香氣息。綠竹筍包覆著一層海鮮醬汁的氣息，又不失自身甘甜的滋味，和最後拌上的紫蘇，共譜了一首協奏曲。

若說快炒有什麼技巧，大概就是熟度和熱度的掌握吧。和青菜梗先下鍋炒、嫩葉晚點才下鍋的道理一樣，食材當中會有入鍋的先後次序，有時候還得不厭其煩地把炒好的食材盛出來，避免過熟影響口感。豆瓣醬番茄炒豬肉，靠著炒香的豆瓣醬而讓人可以多扒幾碗白飯。醃過的豬肉入鍋炒香後，就須先盛出，待鍋內炒過的豆瓣醬、洋蔥等滋滋地在鍋內唱歌跳舞一陣子後，才能再度讓豬肉回鍋，加上番茄一起做最後拌炒。番茄還有點半生不熟，替這道菜帶來解膩的味道。

熱度，則是火炒之必要。燒得熱騰騰的鍋子，讓食材表面吻上一層淡淡的焦香，裡頭卻又飽含水分。家庭爐火雖不如餐廳、熱炒店之烘烘大火，但只要燒得夠炙熱，依舊可以做出又香又鮮的快炒菜。

豆瓣醬
番茄炒豬肉

炒過的豆瓣醬鹹香完全發揮出來，讓豬肉片裹著一層醬香，加上洋蔥的甘甜，番茄的清爽，沒有白飯怎麼可以呢？喜歡吃辣的，則可改用辣豆瓣醬。此道食譜，也適合改用牛肉。

分量	2人

食材

牛番茄	1顆
梅花豬肉	200克
洋蔥	1/2顆

調味料

不辣豆瓣醬	2大匙
醬油	1大匙
芝麻油	適量

醃料

大蒜	1瓣
砂糖	1小匙
白醋	1小匙
米酒	1小匙
芝麻油	少許
黑胡椒	少許

做法

❶ 梅花豬肉切成0.5公分薄片，以〔醃料〕醃2至3小時。

❷ 洋蔥、番茄切塊狀。

❸ 起油鍋，將豬肉片炒熟取出。

❹ 鍋子繼續炒洋蔥至軟，下豆瓣醬炒香，再加步驟❸一起炒，加醬油。

❺ 加入番茄拌炒約1分鐘。

綠竹筍
炒海瓜子

極為新鮮的嘗試，當綠竹筍遇上海瓜子，沒有誰搶誰的風采，兩者意外地合拍。當中，紫蘇和白酒的提味功不可沒。

分量 2-3人

食材

綠竹筍 ————————1支
青紫蘇 ————————2片
海瓜子或山瓜子——300克

調味料

白酒 ————————3大匙
鹽 —————————1小匙
特級初榨橄欖油——適量

做法

❶ 綠竹筍以滾水煮熟（大約20分鐘）後，剝去外殼，切成滾刀塊。

❷ 起油鍋，將海瓜子入鍋炒至外殼打開，加入白酒。

❸ 綠竹筍加入步驟 ❷ 一同拌炒。

❹ 以鹽調味，起鍋盛盤後，將切絲的青紫蘇點綴其上。

醋嗆嫩薑
紅蘿蔔

配白飯也好，夾在麵包中也很優，醋嗆嫩薑紅蘿蔔因為有了白酒醋的增香，讓整體的味道變得豐富。紅蘿蔔與嫩薑的組合，也頗為特別，甜甜辣辣酸酸的滋味，在夏季格外爽口。

分量	2-4人

食材

紅蘿蔔	1 根
嫩薑	1 小根

調味料

芝麻	3 大匙
白酒醋	2 大匙
鹽	1 小匙
特級初榨橄欖油	適量

做法

❶ 紅蘿蔔、嫩薑切細絲，備用。

❷ 起油鍋，炒香嫩薑絲後，下紅蘿蔔絲一起拌炒至紅蘿蔔稍微變軟。

❸ 以鹽調味，鍋內淋上白酒醋，拌炒均勻。

❹ 熄火後，拌上白芝麻。

欲罷不能的上海滋味

室內彌漫著紹興燒雞的滋味，鍋蓋一開，酒香更奔放四溢，
上海菜雖不以顏值取勝，但香氣與味道肯定是一等一。

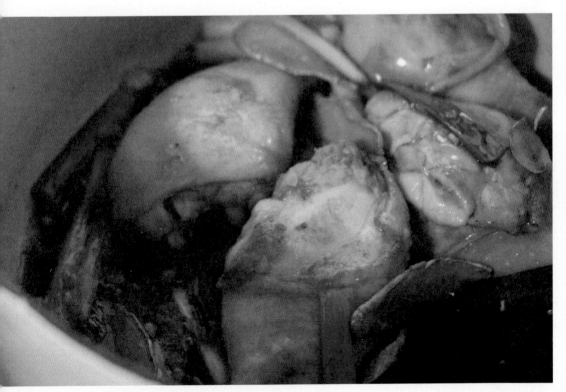

取勝，但說到了香氣與味道肯定是一等一。

不知道是膠質的黏唇，還是雞腿的鹹甜入味？大夥兒忙著拿著筷子取下幾乎骨肉分離的雞腿，餐桌瞬間安靜不少。直到有人發現盤裡還有慢火煸過的薑片時，才又一哄而搶食，把盤子清得一乾二淨。

是糖的誘惑嗎？每每端出上海菜，其受歡迎的程度就有如當紅巨星造訪一般，眾人簇擁而上。紹興燒雞是我從電視烹飪節目向上海菜高手陳力榮學來的，成功率百分百加上其受歡迎的程度，讓我收為拿手菜。高成功率來自材料和烹調方法簡單，只要掌握幾個訣竅，也能端出萬人迷。雞腿、蔥、薑、麻油、冰糖、醬油、紹興酒，僅僅七樣，都是尋常不過的食材，準備起來一點也不難。

大概全社區都知道我在做上海紅燒菜吧。即便燉煮的過程，全都在緊密鍋蓋蓋著的鑄鐵鍋裡，整間屋子卻彌漫著一股紅燒的鹹甜、紹興酒與麻油香，更別說隨風四處飄散的其他味道了。

賓客一進門，已被紹興燒雞慢燉數十分鐘的濃縮滋味與香氣勾引。等到鍋蓋一開，酒香更加奔放四溢，湯汁幾乎收乾，除了焦糖的顏色，沒別的色彩了。這是道其貌不揚的菜，雞腿和薑片染上醬褐色，蔥段則是變得又爛又黑。只證明了上海菜並不是以「顏值」

麻油慢火把薑煸香，煸到薑的水分盡失，是要訣之一。關鍵二，正是冰糖。當雞腿放入跟著鍋子一同煸炒時，倒入的冰糖從顆粒到融化在鍋內，此時絕對不能躁進，要把雞腿翻炒上色，才能再下醬油，才會有一鍋又甜又鹹

的滋味。剩下的，就是時間了。花上三十、四十分鐘，把加進鍋裡的湯汁與氣味煨進食材裡。

紹興燒雞和多數的江浙菜一樣，靠著醬油和糖做出這迷人的滋味，這當中糖扮演著舉足輕重的角色。糖和雞肉的蛋白質在高溫加熱過程，產生了所謂的「梅納褐變反應」（Maillard reaction），帶出了深色聚合物和香味。加上蓋上鍋蓋的鍋子，水蒸氣凝結在鍋蓋，又不斷滴落於鍋內，能讓膠原蛋白轉化為明膠。這也是為什麼紹興燒肉最後嘗起來總是黏嘴。明白這道理，只要是紅燒系列就也做起來得心應手。

另一道上海菜洋蔥子排一樣擁有甘甜的滋味，同等迷人。初嘗這滋味是在實踐大學建築系副教授、人稱都市偵探李清志家中，他的夫人音樂家高晟端出了這道金黃透澈的上海家傳菜，洋蔥已透明軟爛蓋覆在軟腴的排骨上，不但有醬香更有綿長的甘甜。「這用了八顆洋蔥。」高晟向我們解釋，是這道菜讓大家讚不絕口的關鍵。其實，將洋蔥炒得軟爛金黃的過程，也是梅納褐變反應的一種。洋蔥裡含有糖分與蛋白質，是故也在高溫翻炒之中金黃化了，也產生迷人的香氣與甜味。

聽聞，洋蔥子排的材料更少，僅有洋蔥、豬小排、油、醬油和冰糖，讓我躍躍欲試。高晟不藏私地將食譜與我分享，實際製作才發現，淚流滿面地切洋蔥是考驗；八顆洋蔥入鍋後如何攪動翻炒也有難度；再來，站在鍋前將滿滿的洋蔥炒至水分盡失，只剩原來的三分之一不到也是苦差事。其餘，讓排骨煎得焦香、撒糖添醬油、細火慢燉，則和紅燒的方法大同小異。

「好適合來碗白飯喔。」無論是洋蔥子排還是紹興燒雞，若沒有白飯相配實在太孤單。對於洋蔥子排剩下的醬汁，我和朋友們也有志一同，千萬別丟啊，拿來拌飯拌麵，就又是簡單又不失滿足感的一餐。

紹興燒雞

在紅燒的味道之外，紹興燒雞多了一份紹興酒的香氣，將近一整瓶的紹興酒替這道菜增色不少。除了顏色稍嫌單調之外，可事先準備、香氣和味道飽滿的特性，是宴客菜不錯的選擇。

分量	6人

食材

棒棒雞腿———6支
薑———1小塊切片
蔥———2支切大段

調味料

麻油———1大碗
醬油———1大碗
冰糖———1小碗
紹興酒———3/4瓶

做法

❶ 麻油小火煸香薑片，至薑片被煸得微乾。

❷ 加入雞腿拌炒至表皮金黃。加入蔥、冰糖持續拌炒，讓雞腿可以微微上色。

❸ 加入醬油拌炒後，加紹興酒，大火煮開後轉小火，蓋上鍋蓋悶煮30至40分鐘。

洋蔥子排

洋蔥的梅納褐變反應是好吃的關鍵，所以千萬得耐著性子將洋蔥炒得透明微微焦黃，太早進行下個步驟的話，甜味和香氣會差很多。

分量 **6人**

食材

豬小排 ⸺⸺ 600克
洋蔥 ⸺⸺ 8顆

調味料

油 ⸺⸺ 2大匙
冰糖 ⸺⸺ 3大匙
醬油 ⸺⸺ 4大匙

做法

❶ 起油鍋，將豬小排煎至表面微焦，取出備用。

❷ 同一鍋子炒香已切絲的洋蔥，至透明微微變金黃色（約需20分鐘）。

❸ 再將豬小排與步驟❷一同拌炒，加入冰糖，炒至冰糖融化。

❹ 取出一半的洋蔥。在鍋內加醬油、水，大火煮滾轉小火慢燉10至15分鐘，熄火。

❺ 再將取出的洋蔥倒回鍋內，攪拌均勻，靜置半小時。

❻ 食用前再度加熱。

Tips：為了保留洋蔥的質感，我在炒香洋蔥後取出了一半，待燉煮完後再加回。

無敵文火煲湯

鍋內的湯汁似滾非滾、波瀾不驚，

無論何種煲湯，裡頭都是時間的厚度和滿滿的愛，一口喝下，暖胃也暖心。

一直到三年前，我才知道什麼是真正的文火。

不就是把瓦斯爐開關轉到最小火，就叫文火？這樣天真且刻板的想法竟然跟了我超過三十年。一直到用了十五年的瓦斯爐壞了、來了台新的。這台瓦斯爐和前者有個最大不同，火焰並非直接地冒出來，而是透過設計藏在架子內層。據說，這還有專利叫作內焰爐頭。轉大火時，火當然會大到從內竄出來；但轉至最小火時，火就藏在爐架內層。

某日，煲湯變得醇厚。一入喉，來不及自戀般地誇讚，第二口已經滑入嘴裡！想留住美味的決心甚高，便開始找線索：為什麼煲湯忽然變好喝？左思右想，就在一次煲湯開蓋查看的瞬間，鍋內的湯汁似滾非滾、波瀾不驚。這才明白，原來關鍵在於溫度！原來這才是真正的文火！

每個人家裡的瓦斯爐不盡相同，若只用開關定義的大小火來形容文火，可能失之毫里差之千里。我們又稱為老火的文火，應該以鍋內湯汁似滾非滾的溫度狀態來定義。

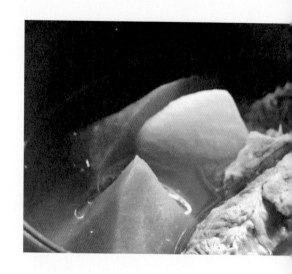

《料理科學》（*What Einstein Told His Cook2*）中就提到：「使用爐子的經驗可以告訴你，爐子和設定的組合約略能產生何種效果；而優秀的廚師只會專注於食物本身的狀況，時時評估當下該如何調整火候。人生可沒那麼容易。」儘管人生沒有太容易，但有時候只要找對方法，人生也會充滿許多愛的。就像文火煲出來的湯，那麼飽滿，那麼令人期待。

很難想像端上桌的乳白色人間美味，數小時前還僅僅是鍋清晰透明的水和食材。所謂豐儉由人，大概是煲湯最討喜的特色吧。從價格不菲的花膠、響螺、干貝，到產季盛產隨手可得的冬瓜、紅蘿蔔、排骨都能是煲湯材料。

以均勻軟嫩）吧？那烏骨雞肉竟軟滑至極一點也不柴。

把所有材料丟進清水、看似簡單的煲湯，其實有許多學問。一般來說，雞爪、排骨和瘦肉是許多港式煲湯的基底，能煮出味道醇厚又富含膠質的湯頭。冷水下鍋，也是重點。因為肉遇熱蛋白質會緊縮得太快，以至於湯頭較難萃取出風味。當然，事先將肉類食材汆燙也是必須，能確保湯頭不濁。

大火煮沸後，改以文火長時間熬煮，計時器千萬別了忘，否則可能換來一鍋焦黑，一事無成。鹽巴則千萬得最後才加，否則加得太早，肉將排出水分，口感會略顯乾柴。香港的煲湯甚至是不調味的，待端上餐桌後才由個人在碗裡添加鹽巴調味。

宴客時，我很喜歡熬煮一鍋花膠干貝烏骨雞湯，這當中花費時間的心意能展現款待之心。燉煮的數小時之外，還有繁複冗長的準備工序，像是花膠得冷水在冰箱裡發脹一夜；金華火腿得先熱水汆燙再蒸；干貝也同樣得發了又蒸。

一次為了招待從國外回台的友人，即便是熱到不行的五月天，我仍端上了這鍋無敵煲湯，裡頭還加了當季鮮美的綠竹筍。大夥兒唏哩呼嚕地一碗接著一碗，不一會兒便見了鍋底。隔餐，鍋內還有相當完整的烏骨雞，我又再鍋裡添了點水，打算獨享雞肉。或許是文火煲湯也算是種低溫烹調（利用固定的溫度長時間加熱食物，讓食物可

說了太多隆重煲湯，可別以為煲湯就是昂貴食材的堆砌，事實上，無論何種煲湯，裡頭都是時間的厚度和滿滿的愛。一口喝下，暖胃也暖心。

紅白蘿蔔燉牛腩

紅蘿蔔、白蘿蔔皆是非常尋常的食材，本身甘甜，與牛腩熬煮成清燉式的湯品，喝起來有股清香。想要油脂更少的人，可改用牛腱肉。

分量	4-6人

食材

牛腩 ——— 1公斤
紅蘿蔔 ——— 600克
白蘿蔔 ——— 600克
淮山 ——— 1兩
芡實 ——— 5錢
薑 ——— 1小塊

調味料

鹽 ——— 少許

Tips: 可將牛腩湯置於冰箱一夜，隔日取出將表面油脂撈除，湯會更清新。

做法

❶ 牛腩汆燙去血水後沖冷水，切大塊。

❷ 淮山、芡實浸泡5分鐘。

❸ 薑切片，紅、白蘿蔔削皮後切滾刀塊。

❹ 將牛腩、淮山、芡實、薑置於湯鍋，加滿水，以大火煮滾，加蓋，改以文火煮2小時。

❺ 將紅白蘿蔔加入湯鍋，繼續文火熬40分鐘。

❻ 上桌前，以鹽調味。

蓮藕章魚排骨湯

某次聽聞某位駐顏有術的中醫師特別喜歡喝蓮藕章魚排骨湯來滋養身體，親自試了這湯的滋味，從此便愛上了這款看起來帶點紫色、味道鮮美的湯品。除了章魚乾較不常見外，其餘皆是容易取得的食材。

分量　6-8人

食材

蓮藕————4大節
章魚乾————3隻
豬小排骨——400克

調味料

鹽————————少許

做法

❶ 蓮藕洗淨削皮，切大塊。章魚乾略微沖水。
❷ 豬小排骨汆燙去血水。
❸ 湯鍋內擺進所有食材，加水蓋過食材。大火煮滾，加蓋，改文火煮2至3小時。
❹ 上桌前以鹽調味。

花膠干貝
烏骨雞湯

一鍋湯經過數小時的老火慢熬，已轉為乳白色的湯汁，香氣濃郁，是喝完嘴巴會黏黏的湯。夏季時，我會在熬湯的後半段再加入綠竹筍，風味更勝。

分量	6-8人

食材

烏骨雞————1隻
花膠————100克
干貝————10顆
金華火腿———200克
綠竹筍————3支
薑片————2片

做法

❶ 花膠泡開水置於冰箱一晚。干貝泡水發脹一夜後，再鋪上薑片，放點水進電鍋蒸（外鍋1杯水）。金華火腿切大塊，滾水汆燙後，電鍋蒸（外鍋1杯水）。

❷ 烏骨雞汆燙去血水。

❸ 於湯鍋裡放入烏骨雞、花膠、干貝、金華火腿，加水蓋過所有食材，大火煮滾，蓋上鍋蓋改文火煮2小時。

❹ 把切滾刀塊的綠竹筍加進湯鍋，繼續熬30分鐘至1小時。

Tips：湯本身已有鹹度，可視個人口味上桌前看是否加鹽。

無花果蘋果
雞腿湯

有蘋果和無花果乾的加持，這道湯喝起來有股自然的清甜，是連小朋友都會很喜歡的湯品。如果想要更有分量感，則可以用全雞取代雞腿。

| 分量 | 6人 |

食材

棒棒雞腿	6支
冬菇	10朵
白木耳	2朵
蘋果	1顆
無花果乾	2粒
南杏、北杏	各10粒

調味料

鹽	少許

做法

1. 雞腿汆燙去血水。冬菇、白木耳發泡備用。
2. 將所有食材（除了蘋果）放入湯鍋，注滿水，大火煮滾後，加蓋，改文火燉2小時。
3. 將蘋果洗淨帶皮切大塊，加到湯鍋裡，繼續熬煮30分鐘。
4. 上桌前以鹽調味。

我的食材櫃

常用、好用的食材，有了他們著實替菜餚增色不少。

MACKE' ｜帕洛薇瑪凱特級初榨橄欖油

手工摘採、冷壓榨油，這款來自義大利東北部的特級初榨橄欖油有著淡淡的番茄香氣，風味均衡，不是辛辣款的特級初榨橄欖油，是我食材櫃裡必備的萬用型特級初榨橄欖油。

（代理商：慧強實業股份有限公司）

九鬼｜純正太白胡麻油

日文的白胡麻即白芝麻。這是日本老牌的芝麻油品牌，其特色是從淡到濃，有不同風味的芝麻油可供選擇。

（代理商：羿昕企業有限公司）

金椿茶油｜紅花大菓：100% 茶花籽油

茶花籽油帶著獨特的香氣，直接拿來拌麵線、淋在菜上都很具風味。不光是如此，由於發煙點高，炒、炸等高溫烹調手法也很適合。

（生產商：金椿茶油工坊有限公司）

Ambrosi ｜帕達諾起司（Grana Padano）

由七十多年歷史的義大利起司領導者Ambrosi出品的帕達諾起司。切成扇型的帕達諾起司，比起起司櫃裡形狀不規則的，更能嘗到一塊鼓型起司更完整的風味（靠近表皮的到靠近中心的）。

（代理商：富華股份有限公司）

Miccio ｜西西里島鹽水醃製綠橄欖

一旦吃過這種來自義大利西西里島，以鹽水浸泡的大顆帶籽綠橄欖後，就很難回到一般索然無味的罐裝橄欖了。因為品種使然，西西里的綠橄欖甘甜飽滿。拿來當零嘴或入菜都非常適合。

（代理商：慧強實業股份有限公司）

Agromonte │西西里島油漬烘乾櫻桃番茄乾

一般的油漬番茄乾，味道偏鹹，番茄乾也真的很乾。不過，這款油漬番茄使用了西西里島特有的櫻桃番茄，罕見地甘甜不鹹，且相當溼潤。

（代理商：東遠國際有限公司）

Reflets de France │禾法頌蓋朗德鹽之花

產自法國布列塔尼地區的鹽之花，是法國相當著名的海鹽。味道不死鹹，無論炒菜、燉湯、拌沙拉都很適合。重點是，這罐鹽實惠超值，商店架上經常缺貨。

（進口商：家福股份有限公司）

Montanini │義式帕瑪風綜合蔬菜醬

看起來一點也不起眼的蔬菜醬，不僅沒有令人害怕的菜味，反而滿是酸香甘甜，完全表現出經過熬製後蔬菜的美好。原來是加了紅酒醋、番茄醬、大蒜、香菜等一起熬煮。拿來拌麵、麵包的抹醬……等，功能可多著呢。

（代理商：富華股份有限公司）

鹽漬酸豆

市面上要買到泡在鹽水裡的酸豆不是太難，但要找到鹽漬酸豆可就一點也不容易。為什麼特別指名鹽漬酸豆？因為風味會在嘴裡跳舞。這款鹽漬酸豆還以古法人工摘取，以海鹽醃漬，是風味的來源。

（購買通路：Trattoria di Primo）

土生土長 │自然農法原生種黑豆蔭豉

這款台灣原生種黑豆製作而成的蔭豉，滿是醍醐味，也沒有令人擔心的死鹹味。未使用味精、甘草、甜味劑等，而僅透過蔗糖調味。

（生產商：擇食股份有限公司）

新和春 │原味初釀壺底油

由位於彰化社頭的老醬油廠製作，純黑豆釀製的醬油，味道相當醇厚悠長，適合拿來燉煮。尤其不含防腐劑和焦糖色素，吃起來更沒有負擔。

（生產商：新和春醬油漬物工廠）

多謝款待！

GRANA PADANO DOP

富華義大利帕達諾乾酪 150 G

富華股份有限公司　(02)2698-9608
www.food-fashion.com.tw

巧克力界的賈伯斯

二位法國人，一個小車庫，
無數次的尋豆之旅，
創造蜚聲國際的精品巧克力

與「日嚐」的幸福對話，從JIA開始
JIA Inc. 品家家品 x 深澤直人【日嚐 鍋具組】新品上市

JIA Inc. 品家家品為深澤直人首個合作鍋具設計的華人品牌，以 Global Cooking 和 Daily Use 為出發，開發三款讓人天天都想下廚、甚至開始對廚藝感到興趣的【日嚐 鍋具組】，讓家中的日常料理充滿無限可能。

【日嚐 鍋具組】家庭必備核心鍋具

平底鍋、單柄鍋、雙耳鍋、鍋鏟、湯勺與漏勺

【關於 JIA Inc. 品家家品】

廚房裡的蒸氣灶火，茶碗油水，是每個華人家庭共享的幸福印記。JIA Inc. 品家家品以華人文化起家，關注飲食文化並與全球跨界團隊激盪，結合東西方觀點，跨越文化、跨越新舊、跨越空間，打造適合家的日常器皿，打造心中那份家的味道，有緣坐下來一起吃飯就是幸福的滋味。

JIA Inc.官方網站

f JIA Inc. 品家家品 🔍

暖食餐桌，在我家

110道中西日式料理簡單上桌，今天也要好好吃飯

文字·料理	徐銘志	
攝影	徐銘志、林煜幃	2-3，11，26，37上，54，71，72，79，101，115下，121 122左，125，127，130，133，157，159下，162，163 167，168上，194，195左，211，212，213，215右下、左下 234，235，237，239，256，257，259，263下，266，270 282-283
封面設計	吳佳璘	
責任編輯	施彥如	

國家圖書館出版品預行編目(CIP)資料

暖食餐桌，在我家：110道中西日式料理簡單上桌，今天也要好好吃飯
徐銘志文字，料理，攝影——初版，——臺北市：有鹿文化，2018.11
面；公分 . —（看世界的方法；143）
ISBN：978-986-96776-2-2

1. 食譜 2. 烹飪

427.1　　　　　　　　　　　　　　107017315

董事長	林明燕
副董事長	林良珀
藝術總監	黃寶萍
執行顧問	謝恩仁
社長	許悔之
總編輯	林煜幃
副總經理	李曙辛
主編	施彥如
美術編輯	吳佳璘
企劃編輯	魏于婷
策略顧問	黃惠美 · 郭旭原 · 郭思敏 · 郭孟君
顧問	施昇輝 · 林子敬 · 詹德茂 · 謝恩仁 · 林志隆
法律顧問	國際通商法律事務所／邵瓊慧律師

出版	有鹿文化事業有限公司
地址	台北市大安區濟南路三段28號7樓
電話	02-2772-7788
傳真	02-2711-2333
網址	www.uniqueroute.com
電子信箱	service@uniqueroute.com
製版印刷	中茂分色製版印刷事業股份有限公司
總經銷	紅螞蟻圖書有限公司
地址	台北市內湖區舊宗路二段121巷19號
電話	02-2795-3656
傳真	02-2795-4100
網址	www.e-redant.com

ISBN：978-986-96776-2-2
初版：2018年11月

定價：480元